KB005821

SCIENCE WONDERLAND

사이언스 원더랜드

SCIENCE WONDERLAND

사이언스 원더랜드

이상한 나라의 앨리스를 과학으로 읽다

안세실 다가에프 · 아가타 리에뱅바쟁 지음
김자연 옮김

애플북스

일러두기

- 본문에 인용된 도서 중 국내에서 번역 출간된 경우에는 한국어판 제목으로, 그렇지 않은 경우에는 원제를 번역했다.
- 본문의 굵은 글씨에 대한 설명은 뒤쪽의 '용어 설명'에 있다.
- 본문 각주는 모두 옮긴이의 것이다.

차례

서문

동물행동학 박사학위를 취득한 우리 두 사람은 최근 툴루즈에서 문을 연 프랑스 최초의 과학 카페, 유레카페(Eurêkafé)에서 열린 한 행사에서 만났습니다. 금세 대화가 시작됐지요. 행사의 주제는 '인기 없는 동물들'이었는데, 우리는 곧바로 까마귀, 파리, 매개체로서의 과학, 공공연구 등에 관해 수다쟁이처럼 이야기를 나눴습니다. 당시에 아가타는 과학 대중화 활동을 막 시작한 참이었고, 안세실은 자연사박물관에 지원한 상황이었습니다. 우리 둘에게는 공통점이 많았어요.

둘 다 30대에, 대중문화 취향도 비슷하고, 모든 곤충에 열광하며, 생물 세계에 대한 열정을 다른 사람과 나누고자 하는 마음을 가졌기에, 힘을 합쳐서 뭔가 하게 된 것은 어찌 보면 너무나 당연한 일이었습니다.

몇 주가 지나고, 안세실이 아주 기발한 생각을 해냈습니다. 디즈니에서 만든 고전 애니메이션을 소재로 동물학과 식물학을 이야기해보자는 아이디어였지요. 대중이 과학에 관심을 갖게 하는 방법으로 어린 시절에 즐겨본 애니메이션 작품보다 더 효과적인 게 있을까요?

이렇게 '마법이 풀린 밤'이 탄생했습니다. 이 강연의 주된 목적이 뭐였을까요? 바로, 현대적이고 변화된 시각으로 고전 애니메이션에 대한 진실을 새롭게 정의하는 것입니다. 예를 들어, 남아메리카에 서식하는 가위개미가 아프리카를 배경으로 하는 애니메이션 〈라이온 킹〉 도입부에 등장한다는 사실을 알고 있었나요? 그리고 날라와 심바가 이복남매라는 사실은요? 〈니모를 찾아서〉에 나오는 니모아빠 흰동가리 말린은 원래 니모엄마가 죽고 난 뒤 암컷으로 변했어야 한다는 사실을 알고 있나요?

정말 기쁘게도 강연은 성공적이었고, 우리는 디즈니 영화는 알지만 자연과학에는 관심이 없던 사람들의 호기심을 이끌어냈다는 사실에 뿌듯했습니다. 미션 성공!

그래서 우리는 그날 저녁에 벌어진 마법 같은 모험의 순간을 좀더 경험하고 싶었고 글로도 전하고 싶어졌습니다. 독자 여러분도 우리와 함께 앨리스의 멋진 세계에서, 티타임, 3월 토끼, 모자 장수, 도도새 이야기를 즐거운 마음으로 알아가길 바랍니다. 즐거운 모험 되시길! 그리고 잊지 마세요…, 이곳에서는 모두가 제정신이 아니랍니다!

들어가기 전에

『이상한 나라의 앨리스』는 세계에서 가장 잘 알려진 동화작품 중 하나다. 원작을 읽지 않았더라도, 애벌레, 모자 장수, 흰토끼, 체셔 고양이 등 작품의 주요 등장인물을 표현한 이미지를 본 적이 있을 것이다. 1951년, 디즈니 스튜디오에서 원작을 만화영화로 만들어 극장에서 상영한 덕분에 앨리스 이야기는 더 많은 대중에게 알려졌다. '앨리스'의 인기를 높인 것은 디즈니 만화만이 아니다. 1903년에는 앨리스를 주인공으로 최초의 영화를 만들었고, 현재까지 연극, 영화, 만화영화, 드라마, 뮤직비디오, 비디오 게임 등을 통해 수십 차례 새로운 앨리스의 모습이 등장했다. 이게 끝이 아니다. 가수 톰 페티가 발표한 '더 이상 여기 오지 마Don't Come Around Here no More'의 기괴한 뮤직비디오에서부터, SF 미니시리즈 〈앨리스〉, 1976년에 나온 포르노그래피 음악영화(당신이 제대로 읽은 것이 맞다.)까지 앨리스의 이야기는 아주 다채롭게 각색되었다.

그런데 대체 '앨리스'는 어떤 내용일까?

이미지와 대화가 들어 있는 책들

사실, 앨리스의 모험은 두 권으로 구성된 작품이다. 첫 번째 책 『이상한 나라의 앨리스』는 1865년에, 속편 『거울 나라의 앨리스』는 1871년에 출간됐다. 두 권 모두 열두 개의 장으로 이뤄졌고, 풍자만화 잡지 〈펀치〉에 그림을 그리는 만화가 존 테니얼 경이 삽화를 그렸다.

첫 번째 모험에서, 독립적이고 자유분방한 일곱 살 앨리스는 어느 화창한 여름날 언니와 함께 밖에 나갔다가 회중시계를 지닌 흰토끼 한 마리를 발견한다. 토끼를 쫓던 앨리스는 토끼 굴속으로 굴러떨어지는데, 앨리스가 도착한 세상은 모든 것이 뒤죽박죽이고 제대로 된 게 아무것도 없다. 앨리스의 몸은 여러 번이나 커졌다 작아졌다 반복하고, 앨리스는 앞뒤 안 맞는 말만 하는 독특한 인물들을 만난다. 도도새, 개구리 하인과 물고기 하인, 물담배를 피우는 애벌레, 미친 모자 장수, 3월 토끼, 겨울잠쥐, 앙심을 품은 비둘기, 모조 거북, 노는 걸 많이 좋아하는 거대한 강아지, 제멋대로 나타났다 사라지는 체셔 고양이, 공작부인, "저들의 목을 쳐라!"라고 말하는 하트 여왕과 왕의 행렬까지. 책의 마지막에 가서야 앨리스는 눈을 뜨고 이 모든 모험이 꿈이었음을 깨닫는다.

두 번째 모험에서, 앨리스는 어느 겨울 오후, 고양이 다이나, 아기 고양이 키티, 스노드롭과 함께 거실 벽난로 앞에 쭈그리고 앉아 있다가 벽에 걸린 거울을 통과해 원래 세상과 대칭을 이루는 거울 나라를 탐험한다. 그곳에서 붉은 여왕(첫 번째 책의 '하트 여왕'과 다른 여왕임.)을 만나, 거울 속 세상은 체스판과 똑같고 체스 규칙으로 돌아간다는 설명을 듣는다. 앨리스의 목표는 여덟 번째 칸으로 가서 여왕이 되는 것이다. 이번에도 앨리스는 독특한 인물들을 만난다. 양고기로 변한 하얀 여왕, 붉은 여왕, 친절한 하얀 기사 같은 다른 체스 말들, 참나리를 비롯한 말하는 꽃들, 수다스러운 각다귀, 염소, 함께 기차를 탔던 딱정벌레, 싸우고 있는 사자와 유니콘, 바다코끼리와 목수 이야기를 들려준 놀라운 쌍둥이 트위들디와 트위들덤, 유명한 동요의 주인공인 달걀 험프티 덤프티. 앨리스는 기이한 체스 경기에서 깨어났지만 여전히 꿈을 꾸는 듯하다.

'앨리스'는 곧바로 큰 성공을 거두었다. 책이 출간되자 비평가들은 작품성과 독창성을 호평했다. 1865년 여름 맥밀런 출판사에서 2,000부를 출간한 뒤 여러 차례 증쇄를 거쳐 1886년까지 7만 8,000부가 출간됐다. 루이스 캐럴은 첫 번째 책을 출간했을 때부터 프랑스어와 독일어 번역본 출간을 생각하고 있었고, 1866년 8월 27일 출판사에 서신을 보내 자기 뜻을 전했다. 『이상한 나라의 앨리스』는 현재까지 전 세계 174개 이상의 언어로 번역 출간됐다.

그렇다면, 번역이 까다로운 말장난의 장본인이자, 당대의 훌륭한 인물이며, 어린이의 친구이고, 이토록 놀라운 세계와 등장인물을 창조해낸 루이스 캐럴은 과연 누구일까?

루이스 캐럴 혹은 찰스 럿위지 도지슨

작가와 그 작가의 작품은 대개 닮아 있기에, 둘 사이에 큰 차이점이 있을 것이라고 상상하기는 어렵다. 찰스 럿위지 도지슨도 다채롭고 기묘한 세계를 창조해낸 그의 직업은 근엄했고, 대중에 비치는 이미지는 검소한 편이었다. 찰스는 빅토리아 여왕 즉위 5년 전인 1832년에 잉글랜드 북부에서 11남매 가운데 셋째이자 첫 번째 아들로 태어났다. 형제자매를 즐겁게 해주는 것을 좋아해서 직접 놀이와 인형극을 만들기도 했다. 허약한 체질(어린 시절의 질병으로 오른쪽 귀의 청력을 잃었다.) 때문에 말을 더듬기도 했는데 본인과 가족은 이를 '머뭇거림'이라 표현했다.

아버지 찰스 도지슨은 학식 있는 인물로 수학을 매우 좋아했고 부인과 함께 훌륭하고 보수적이며 아주 신실하면서도 유머를 잃지 않는 가정교육을 했다. 그는 영국 국교인 성공회의 신부였고 가족과 함께 사제관에 거주했다. 찰스 럿위지 도지슨은 정다운 가정에서 전원생활의 기쁨을 누리며 윤택한 어린 시절을 보냈다.

찰스는 열두 살이 되던 해에 가족 전통에 따라 기숙사에 들어갔고, 입학한 학교에서 수학과 종교 과목에서 두각을 나타냈다. 방학 때에는 사제관에서 가족과 시간을 보내면서 글을 쓰고 그림을 그리고, 형제들을 위해 손수 잡지를 만들었는데, 형제들이 도움을 주기도 했다. 잡지는 그림과 시, 터무니없는 이야기와 좋은 말이 가득한 여덟 개의 장으로 구성했다. 그는 논리적인 이야기 속에 난센스와 엉뚱한 단어를 넣어 글을 쓰는 일을 계속했다. 1851년, 열아홉 살이 된 찰스는 런던에서 멀지 않은 옥스퍼드의 크라이스트처치 칼리지에 입학하고, 1855년부터 그곳에서 수학을 가르치기 시작했다. 크라이스트처치 칼리지는 학교이면서, 종교의식을 치르는 성당이기도 했기에 특별했다. 당시에 교육은 종교색을 띠고 있었고, 찰스는 수학 교수이자 동시에 부사제였다. 교회와 제자들을 위한 봉사자였던 그는 그곳에서 그 어떤 감정적 관계도 맺지 않았다.

찰스 럿위지 도지슨의 자화상(1855)

교육자로서의 자리가 어느 정도 안정되자, 찰스는 옥스퍼드와 런던의 사교계와 문화계를 드나들기 시작했다. 꽤 주기적으로 극장과 박물관을 방문했고, 글쓰기도 손에서 놓지 않으며 런던의 신문에 계속해서 글을 기고했다. 하지만 자신의 공식적인 지위와 다소 엄격한 도덕관념 때문에, 수학 관련 논문이 아닌 글을 발표하기 위해 이름을 바꾼다. 한동안은 원래 이름의 이니셜을 글과 함께 발표하다가, 월간지 〈더트레인〉의 편집장 에드먼드 예이츠의 조언에 따라 1855년, '루이스 캐럴'

이라는 필명을 만든다.

1856년, 교육자의 길로 들어선 지 얼마 되지 않았을 때, 찰스는 사진에 관심을 가지면서 재능이 드러난다. 덕분에 당대의 예술가나 지식인들과 교류할 수 있는 길이 열렸고, 이들의 사진을 찍어주며 친분을 쌓았다. 유명 시인 알프레드 테니슨, 라파엘 전파(고대와 중세에서 영감을 받은 복고풍의 낭만주의 이미지들과 루이스 캐럴이 심취한 요정과 상상의 동물을 부각하는 예술운동)의 선구자인 화가 윌리엄 홀먼 헌트와 존 에버렛 밀레이, 옥스퍼드 주교 새뮤얼 윌버포스 등의 사진을 찍었다.

그러나 찰스가 찍은 인물사진 가운데 가장 유명한 것은, 어린이들 특히 어린 여자아이들 사진이었다. 루이스 캐럴은 여자아이들과 서신을 주고받으며 우정을 유지했고, 아이들을 통해 부모와 친분을 맺기도 했다. 루이스 캐럴이 찍은 여자아이들 사진 가운데 누드 사진이 요즘 시대에 논란을 일으키기도 하지만, 빅토리아 여왕 시대에는 어린아이를 순결과 순수함의 상징으로서 찬양했고, 어린이의 누드 사진이 새해 인사 카드에 흔하게 사용됐다는 사실을 기억할 필요가 있다.

어린 여자아이에 대한 루이스 캐럴의 이러한 열정과 관심은 비밀이 아니었고, 불편할 수도 있지만, 그가 아이들에게 비난받을 만한 행동을 했을 가능성은 매우 낮다. 게다가 사진 촬영은 모델 어린이의 부모가 동의해야만 가능했다. 또한, 루이스 캐럴의 모델이었던 여자아이들 가운데 많은 이들이 성인이 된 뒤, 다양한 이야기를 들려주며 재밌게 해주었던 작가와의 작업 시간이 즐거웠다고 말하기도 했다.

루이스 캐럴이 꾸준히 교류했던 여자아이들 가운데 눈에 띄는 아이가 하나 있다. 바로 앨리스 리델.

'진짜' 앨리스와 이상한 나라의 탄생

찰스가 강의를 시작한 지 1년이 됐을 무렵, 크라이스트처치 칼리지 학장이 사망했고, 카리스마 넘치고 역동적이며 개혁주의자인 40대의 헨리 조지 리델이 후임 학장으로 부임했다. 새로운 학장과 찰스의 관계는 평화롭지만은 않았다. 행정 문제나 종교 문제로 부딪히기 일쑤였고, 날카로운 글을 쓰는 것으로 유명했던 찰스는 새로운 학장의 자유주의적이고 개혁적인 결정을 격렬히 비판하는 글을 여러 차례 썼다.

이렇듯 일에 있어서는 두 사람의 이념이 대립했지만, 두 사람 사이에 사적인 교류가 없었던 것은 아니다. 찰스는 헨리 리델의 아내 이디스, 자녀 해리, 로리나, 앨리스(이들의 다른 네 자녀는 옥스퍼드로 이사한 뒤에 태어났다.)와 빠르게 친해졌다. 얼마 지나지 않아 찰스는 혼자 또는 친구들과 함께 리델의 아이들을 데리고 옥스퍼드 시내 산책을 다녔다. 이들은 대학교 박물관, 공원, 식물원을 방문하거나 도시를 가로지르는 템스강 지류인 아이시스 강을 배를 타고 돌아보기도 했다. 아이들은 산책하면서 찰스에게 이야기를 해달라고 부탁했고, 찰스는 기쁘게 이야기를 만들어서 산책 때마다 들려주었다. 즉석에서 상상해낸 이야기들은 그저 아이들을 즐겁게 해주기 위한 것이었는데, 어느 날 앨리스가 찰스에게 이야기를 종이에 옮겨달라는 부탁을 했고, 그는 앨리스의 요구에 따랐다.

『땅속 나라의 앨리스』라 불린 첫 번째 '앨리스' 책은 열 개의 장으로 구성됐고, 흰토끼, '모조' 거북, 그리폰, 하트 여왕 등 최종 버전의 책에 등장하는 인물도 소개됐다. 찰스는 직접 글을 적고 그림을 그려 책을 완성한 뒤, 1864년 가을, 열두 살의 앨리스에게 선물했다. 찰스는 헌사로 '어느 여름날을 기억하며, 소중한 어린이에게 주는 크리스마스 선물'이라고 적었다. 작가는 이때 이미 일반 대중을 위해 책을 출판할 계획을 세웠고, 여러 부분을 추가해 1년 뒤 최종 버전을 출판했다.

그러는 사이 찰스와 리델가 자녀와의 만남은 줄어들었는데, 1863년 12월 5일 일기에, 한 행사에서 리델의 자녀들을 만났지만, 4개월 전부터 그랬던 것처럼, 일부러 멀리 떨어져 있었다고 적기도 했다. 찰스와 리델의 자녀들이 멀어진 정확한 이유는 아직도 알려지지 않았는데, 찰스가 사망한 뒤 그의 조카가 일기장 여러 페이지를 없앴기 때문이다. 사라진 정보 때문에 찰스와 리델 가족의 냉랭해진 관계에 관한 여러 기이한 소문이 생겨났다. 찰스가 앨리스와의 결혼을 리델 부부에게 청했지만, 부부가 반대했다? 가까운 친척 중에 작위를 받은 사람들까지 있는 리델 가족과 일개 수학 교수 사이의 신분 차이 때문에, 찰스가 구혼했다는 가설은 가능성이 희박하다. 리델가의 가정교사 혹은 리델 부인과의 염문설? 이 소문은 사라진 일기장 페이지에 적힌 메모들이 '재발

찰스 럿위지 도지슨이 찍은 앨리스 리델의 모습

견'된 뒤에 불거져 나왔다. 직업상의 의견 충돌 또는 앙심이 가득한 비방 글의 발표로 학장과 불화가 생겼다? 모두 가능한 이야기다. 찰스는 리델 가족과 거리감이 생겼지만 그래도 주기적으로 그들을 만났다. 1870년에는 열여덟 살이 된 앨리스의 사진을 찍어주기도 했다. 찰스는 앨리스에게 선물했던 자필 원고의 복제본을 대중을 위해 출판하게 해달라고 청했고 앨리스는 이를 허락했다. 책은 1886년에 출판됐다.

시간이 흐르고 1926년, 경제적 어려움을 겪은 앨리스는 귀중한 원고를 판매하기로 결심했고, 1928년 경매에서 한 미국인 수집가가 1만 5,400파운드[1]에 원고를 낙찰받았다. 그 뒤 1946년, 원고는 5만 파운드에 다시 팔렸고, 미국 의회도서관 큐레이터인 루서 에번스가 2차 세계대전 당시 영국군의 공로를 기리는 의미로 영국인들에게 원고를 증정했다. 원고는 주인공만큼이나 많은 우여곡절을 겪은 끝에 현재는 영국도서관에 보관돼 있다.

1 한화 약 2,400만 원

보수적인 수학 교수이자 빅토리아시대의 훌륭한 표본이며 엄격한 도덕 규율로 자신을 다스린 찰스 럿위지 도지슨은 냉철하고, (과도한) 진지함을 넘어선 침울함 등 현대 과학자의 이미지를 그대로 갖고 있다.

독창적이고 다채로운 상상력으로 가득한 그의 작품과 상반되는 이 놀라운 괴리는, 오히려 지루하고 어렵다고 인식되는 과학도 즐겁게 알아갈 수 있다는 사실을 보여준다. 그러므로 이상한 나라와 이상한 나라의 주민을 만날 수 있는, 신기한 과학 이야기 속으로 독자 여러분을 빠뜨리기에 아주 훌륭한 출발점이다.

앨리스가 말했듯이 *"갈수록 신기해진다."*

호기심 많은 친구들이여, 길을 떠납시다!

찰스 럿위지 도지슨이 '땅속 나라의 앨리스'에 그린 앨리스

Part 1
기상천외한 환상 동물

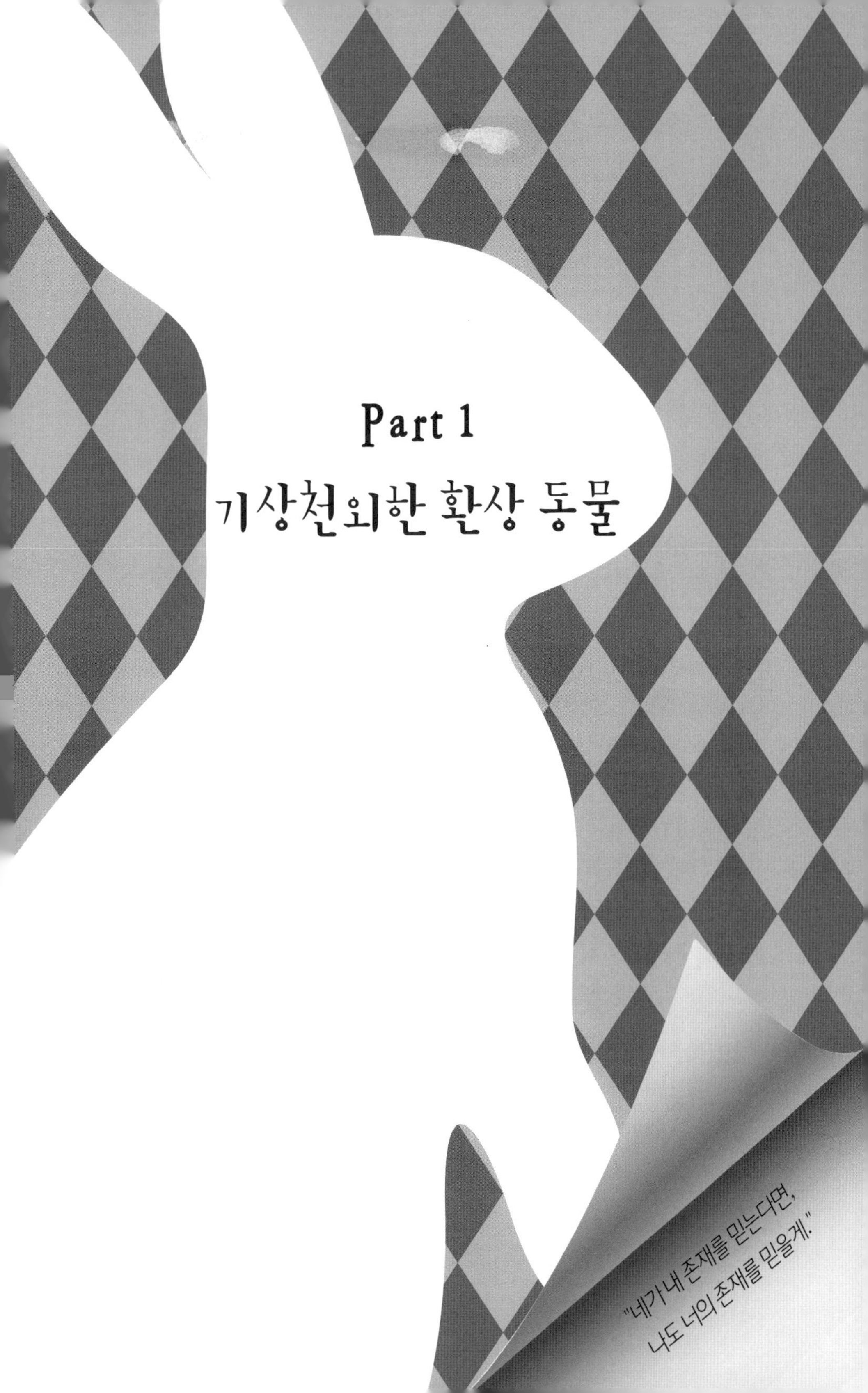

"네가 내 존재를 믿는다면,
나도 너의 존재를 믿을게."

1

변태와 변화

"내 모습이 자꾸 이렇게 변하니까
너무 당황스러워!
이다음엔 또 어떻게 변할지 상상도 못 하겠어!"

흰토끼의 굴속으로 굴러떨어진 앨리스는 이상한 나라에서 여러 차례 모습이 변한다. 갑작스럽게 키가 25㎝로 줄었다가 2.75m가 넘게 커지는 등 커졌다 작아졌다를 반복한다. 어떻게 그럴 수 있었을까? 유리병에 든 액체를 삼키거나(병에 "나를 마셔."라는 표시가 붙어 있을 때도 있다.), (한쪽을 먹으면 커지고 다른 쪽을 먹으면 작아지는) 케이크와 버섯을 맛보거나, 전속력으로 키를 줄여주는 흰토끼의 부채를 사용한 뒤 키가 변한다.

하지만 키가 변하는 건 앨리스뿐만이 아니다. 두 번째 책 『거울 나라의 앨리스』에 등장하는 붉은 여왕 역시 맨눈으로 알아볼 정도로 몸집이 커지는데, 책 속의 화자는 이렇게 설명한다.

"붉은 여왕은 아주 많이 커졌다. 앨리스가 잿더미 속에서 붉은 여왕을 발견했을 때는 7cm에 불과했는데… 이제는 앨리스보다 머리 반만큼이 더 커져 있었다."

구체적인 논리나 계기 없이 발생하는 이런 일은 꿈속에서나 있을 법한 갑작스러운 변화에 가깝고, 우리가 직접 겪을 때는 너무나 아무렇지 않게 여겨진다. 루이스 캐럴의 작품 안에 등장하는 여러 요소가 바로 이런 식으로 소개된다. 앨리스는 첫 번째 책 말미에서, 잠에서 깬 뒤 언니에게 이렇게 말한다.

"이런! 정말 희한한 꿈을 꿨어!"

두 번째 책의 마지막에서도 같은 일이 벌어진다. 앨리스는 자신이 꿈속에서 어떤 인물로 변화했는지 알기 위해 고양이 디아나와 두 마리

아기 고양이에게 질문한다. 또한 앨리스는 누가 꿈을 꾸었는지 궁금해하는데, 책의 화자는 알쏭달쏭한 말을 남기며 책을 마무리한다.

"그렇다면 여러분은 그게 대체 누구였다고 생각하나요?"

꿈이 아닌 현실에서는 어떨까? 살아 있는 생명체가 하루나 몇 초 만에 몸의 길이를 변화시킬 수 있을까? 평생 키가 크는 생물도 있을까? 앨리스가 연상시킨 '변태'는 실제로 어떤 것일까? 이제부터 알아보자.

변… 뭐라고?

고대 시대부터 몇몇 곤충의 급격한 외형 변화는 유명한 철학자이자 자연과학자인 아리스토텔레스를 비롯한 주의 깊은 관찰자들의 호기심을 자극했다.

아리스토텔레스의 시대(기원전 384~322년)부터 18세기 무렵까지는 사람들이 **자연발생설**을 믿었다. 곤충들이 무(無)나 배설물 같은 일부 유기물에서 태어난다는 이론이다. 파리는 사체에서 생겨나는 것으로 알려지기도 했는데, 정확히 어떻게 생기는지에 대한 설명은 불가능했다. 그런데도 아리스토텔레스는 이러한 변태를 연구했고, 이는 마법이 아니라 수많은 **생물종**에게 일어나는 자연스러운 생애주기의 일부라고 생각했다. 아리스토텔레스에 따르면, 변태는 동물이 성장을 완성하고, '완벽한' 상태에 도달하기 위해 필요한 단계이다.

미국의 생태학자 헨리 윌버는 1980년에 발표한 논문에서 '변태'의 동의어인 '복합 생애주기'라는 용어를 이렇게 정의했다.

"동물의 성장 중에 이루어지고, 동물의 신체적 모습(외형)과 내부 기능(생리), 행동을 바꾸는 변화이며, 주로 서식지의 변화와 함께 나타난다."

일생 중 벌어지는 대단한 변화인 셈이다.

변태를 하는 동물들은 알에서 성체가 되기까지 여러 성장단계를 거친다. 곤충 **종** 가운데 80% 이상에서 나타나는 현상이니, 대유행이나 마찬가지다. 하지만 곤충만이 변태를 겪는 것은 아니다. 거미류(거미와 전갈), 게 등의 갑각류, 영원(蠑螈)이나 도롱뇽 같은 양서류, 연어나 뱀장어 같은 몇몇 어류 역시 구분된 성장단계를 거친다.

동물의 변태 가운데 개구리와 개구리의 사촌뻘인 두꺼비가 겪는 변태는 가장 잘 알려져 있다. 개구리의 변태는 이상한 나라에서도 아주 잘 소개돼 있다. 하트 여왕의 신하인 개구리는 공작부인을 크로케 경기에 초대한다. 『거울 나라의 앨리스』의 끝부분에서는 앨리스가 늙은 암컷 개구리를 만나기도 한다. 성장한 뒤에 꼬리가 없어지는 이 동물은 **무미류**에 속하며, 성장 뒤에도 꼬리를 갖고 있는 **유미류**(도롱뇽, 영원)와 구분된다. 암컷 개구리는 다량의 알을 낳는데, **포접**이라 불리는 강력한 포옹으로 암컷에게 몸을 밀착시킨 수컷에 의해 체외 수정된다. 애인의 등에 몸을 고정시킨 수컷 개구리는 암컷이 알을 낳는 즉시 수정을 한다. 알에서는 꼬리와 아가미가 달린 올챙이가 나오는데, 올챙이는 물에서만 살기 때문에 아가미가 있다. 올챙이는 자라나면서 놀라운 변화를 보인다. 다리와 혀가 생기고, 폐가 커지며, 초식에서 육식으로 변하는 탓에 장의 모양도 바뀌고 아가미가 사라진다. 이런 변화가 단 두세 달 만에 나타난다니 놀랍지 않을 수 없다.

이런 점진적인 변화는 뚜렷하게 구분되는 여러 단계를 통해 이뤄지기도 하는데, 특히, 연속된 허물벗기 동안 변태를 하는 절지동물(곤충, 갑각류, 거미류)에서 두드러진다. 이 동물들은 내골격을 가진 인간과 반대로 외골격을 갖고 있어서, 성장하려면 **표피**를 바꿀 수밖에 없다.

곤충들 가운데서 이런 극단적인 변신을 하는 부류를 크게 둘로 나눌 수 있다. 불완전한 변태를 겪는(**불완전변태**) 곤충과 완전한 변태를 겪는(**완전변태**) 곤충 등 두 종류다.

불완전변태 곤충은 알에서 깨어날 때 성체와 유사하지만 좀 더 작은 모습이다. 그래서 알아보기 쉽다. 이 곤충들은 알, 애벌레 그리고 **성충**이라 불리는 최종 성체 단계 등 총 세 단계를 거친다. 이들은 연속 탈피를 통해 성장하지만 '미분화 탈피'라는 마지막 단계가 결정적이다. 마지막 단계는 성체 단계 전에 나타나는데, 바로 이 단계에서 진정한 탈피가 이뤄지고, 곤충은 이를 통해 성체의 확정적 특징(생식기능 체계, 날개…)을 지니게 된다. 바퀴벌레, 사마귀, 빈대, 잠자리 그리고 귀뚜라미나 여치, 메뚜기 같은 메뚜기목에서 많이 나타나는 특징이다.

메뚜기목의 변태는 그다지 놀랍지 않다. 작은 크기와 날개 없는 것을 제외하면 알에서 나온 애벌레와 성체의 차이가 없기 때문이다. 애벌레는 서식지나 행동의 큰 변화 없이 조금씩 성장하다가 마지막 탈피 때 날개를 발달시킨다. 그러나 다른 불완전변태 동물의 경우에는 근본적인 변화가 나타난다. 한 예로, 잠자리의 경우, 애벌레만 수생이고 아가미가 있다. 먹이를 잡는 데 적합한 앞다리(포획지)로 잡을 수 있는 모든 것을 잡아먹는 슈퍼 포식자이다. 물에서 나와 마지막 탈피를 하면 날개와 새로운 호흡기관이 달린 새로운 몸을 갖는다.

모든 걸 분류하고 복잡한 단어로 설명하길 좋아하는 과학자들은 여기에도 특별한 이름을 붙였다. (땅 위에서만 살아가는 메뚜기처럼) 애벌레와 성체가 같은 공간에서 사는 경우를 **소변태**라 하고, (물에서 공기 중으로 사는 곳을 바꾸는 잠자리처럼) 애벌레와 성체가 다른 곳에서 산다면, **반변태**라고 말한다. 이렇게 어려운 단어들을 알게 됐으니 낱말 맞추기 게임을 한다면 여러분이 승리할 수 있을 것이다.

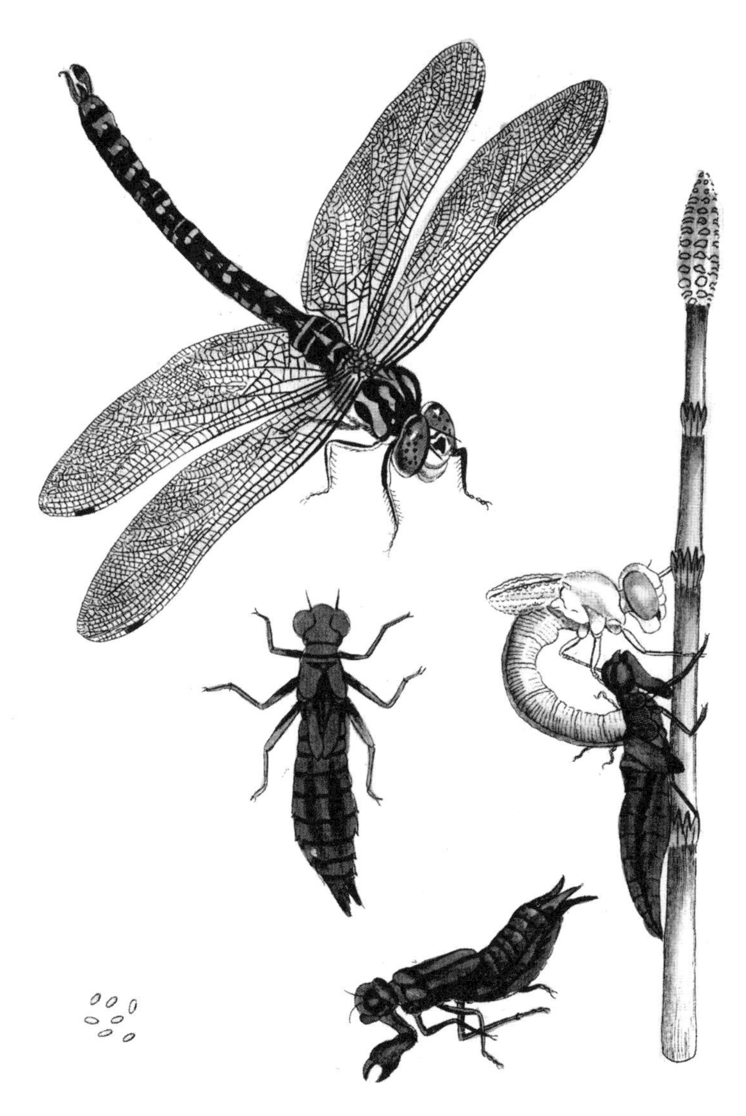

18세기의 자연 도감에 잠자리의 생애주기에 따른 여러 단계가 소개돼 있다. 왼쪽 아래에 알, 가운데 아래쪽에 애벌레, 오른쪽에 탈피하는 모습이 나와 있고, 페이지 중앙에 비어 있는 표피(허물) 그리고 위쪽에는 성체가 있다.

흰토끼가 질투하는 시간 지키기

아주 특이한 변태의 경우, 유충 단계가 몇 주에서 또는 몇 년까지 오래 지속되는 경우가 흔하다. 성체는 최대 몇 주밖에 살지 못하는데 말이다. 가장 인상적인 예는 바로 매미다.

마지치카다*Magicicada*속에 속하는 일부 북미 매미들은 햇빛이 날 때마다, 햇빛과 동시에 밖으로 나와서 '주기매미'라고 불린다. 시계처럼 정확하게 움직이는 매미도 있는데(흰토끼가 마음에 들어 할 것이다.) 어떤 매미 네 종류는 땅속에서 13년간, 다른 세 종류는 17년 동안 있다가 밖으로 나온다. 수십억 마리의 **약충**(nymph)이 동시에 땅속에서 나오는 것이다. 1ha당 300만 개체가 나온 경우도 있었다.

약충은 아주 빠르게 성체로 변화하고 구애의 노랫소리가 울려 퍼지기 시작한다. 한시가 급하다. 왜냐하면, 땅속에서 긴 기다림의 시간을 보내고, 성체들이 죽기 전에 후손을 남기기 위한 시간이 오직 4~6주밖에 없기 때문이다. 산란 6~10주 뒤 부화가 이뤄지고 그다음에는 매미 애벌레들이 땅속으로 들어가 13~17년을 기다리고 다시 같은 주기가 반복된다.

같은 시간 같은 장소에서 나오는 여러 종의 매미는 보통

땅 밑 생활을 끝낸 마지치카다속 매미 한 마리. 절대 늦는 법이 없다!

'브루드(Brood)'라 불리는 매미군에 속한다. 총 15종이 있다. 1715년, 필라델피아에서 처음으로 '브루드10' 계통의 매미가 보고되었다. 가장 많은 17년 매미를 포함하는 이 매미군은 2021년 5월 땅 밖으로 나왔다. 브루드 매미 각각의 개체에 번호를 매기고, 위치를 추적해 면밀히 관찰한 덕에 이들의 출현을 예측할 수 있다. 다음 만남은? 17년 매미 브루드13과 13년 매미 브루드19는 모두 2024년 땅 밖으로 나올 것이다. 달력에 기록해두자.

이상한… 애벌레!

이상한 나라의 대표적인 주민인 애벌레는 완전한 변태를 경험하는 완전변태 동물의 완벽한 표본이다. 앞서 살펴본 '알-애벌레-성체'라는 생애주기를 애벌레에게서도 관찰할 수 있다. 하지만 이번에는 성체가 되기 전, 약간은 독특한 중간 단계를 추가로 거친다. 바로 약충 단계이다. 이 단계를 지나는 동안 동물은 딱딱한 덮개(대부분 키틴질로 되어 있다.) 안에서 움직이지 않고, 일생 최대의 변화가 일어난다. 어떤 동물은 몸과 기관이 모두 개조되기도 한다. 여러 이름으로 이 약충 단계를 지칭하는데, 나비들의 경우는 '크리설리스(chrysalis, 번데기)', 파리목(파리와 모기)은 '퓨퍼(pupa, 번데기)'라고 부른다.

나비의 번데기가 사람들에게 가장 잘 알려져 있기는 하지만, 나비 외에도 수많은 곤충이 완전변태 곤충이다. 꿀벌, 말벌, 무늬말벌, 개미(불완전변태 곤충인 흰개미 제외) 등 벌목에 속하는 사회적 곤충도 여기에 해당한다. 또한 무당벌레나 유럽사슴벌레, 모기와 파리 등의 딱정벌레목도 마찬가지다. 그렇다. 사람들이 자꾸만 잊곤 하는데, 인상을 찌푸리게 만드는 구더기 역시 틀림없이 파리가 되어가는 중이고, 변화는 단 며칠 만에 일어난다.

불완전변태 곤충처럼, 완전변태 곤충의 단계별 주기도 매우 다양한데, 대개 성체는 단기간이다. 나비가 가장 놀라운 경우다. 유충 시기와 비교하면 극히 짧은 시간을 사는 성체가 있는데 이 성체에는 입이나 소화기관도 존재하지 않는다. 큰공작나방*Saturnia pyri*의 경우가 바로 그렇다. 유럽에서 가장 큰 나방인 큰공작나방은 오직 번식기간에만 날개를 가질 수 있다. 먹이 한 조각을 먹을 시간조차 허락되지 않는 것이다.

그나저나… 앨리스의 애벌레는 나비로 변하기는 하는 걸까? 왜냐하면, 애벌레는 버섯 조각을 삼켜 몸의 길이를 변하게 하는 방법을 앨리스에게 알려주면서 정작 자신은 아무런 변태도 겪지 않기 때문이다. 영화로 각색되고 나서야 나비로 변하는 모습이 나온다. 디즈니 애니메이션에서는 애벌레가 수연통의 연기구름 속으로 사라진 뒤 껍질을 벗고, 팀 버튼의 영화에서는 번데기가 된 모습이 등장한다. 또한 애벌레는 '실제 세상'과 이상한 나라에 동시에 등장해서 중요한 배움의 순간마다 앨리스를 인도하고, 앨리스가 진정한 자신으로 거듭나는 변태의 순간에 자기만의 방식으로 앨리스와 함께한다.

상황에 따라 변하는

이런 변태는 순간적으로 일어나지 않고 다소 긴 주기 중에 나타난다. 하지만 이상한 나라에서 앨리스가 경험하는 몸 크기의 변화는 그렇지 않다. 그렇다면 과연 이 세상에 몸의 크기가 변하는 일이 실제로 존재할까?

정답은, 그렇다! 어떤 동물은 몸의 크기를 바꿀 수 있고, 적이나 잠재적 천적을 위축시키려고 지체 없이 몸을 크게 만든다. 목숨이 걸린 순

스핑크스 나방 애벌레는 훌륭한 연기자다.

간이라면, 짠! 순식간에 변신!

나비목 친구들 가운데 중앙아메리카에 분포하는 스핑크스 나방 *Hemeroplanes triptolemus*의 애벌레는 아주 두드러지는 방어 사례를 보여준다. 휴식 상태의 애벌레에게는 딱히 놀라운 점이 없다. 몸의 윗부분은 옅은 노란색이고, 아랫부분은 갈색인 아주 평범한 애벌레다. 하지만 애벌레를 간질이는 순간, 펑! 애벌레는 머리와 발을 집어넣고, 가슴을 부풀린 다음 몸의 앞부분을 뒤집어서 완벽하게 뱀 머리 모양을 만들어 낸다. 검은색과 흰색으로 된 두 개의 무늬는 흡사 뱀의 눈처럼 보인다. 더욱 실감나는 부분은, 뱀이 상대를 위협할 때 내는 휘파람 소리 같은 숨소리를 애벌레가 흉내 낸다는 사실이다.

애벌레처럼 다른 동물의 모습과 행동을 모방하는 식의 이런 전략을 **의태**라고 부른다. 특히 애벌레처럼 해롭지 않은 동물이 위험한 동물을 모방하는 경우를 **베이츠 의태**라고 한다. 이 용어는 영국의 자연과학자 헨리 월터 베이츠의 이름에서 유래했다. 베이츠는 앨프리드 러셀 월리스(찰스 다윈과 함께 자연 선택설을 토대로 진화론을 공동으로 발견한 사람이다.)와 함께 여행하고, 아마존 숲의 나비를 연구했다. 모든 게 다 연관돼 있다.

다른 동물들도 스스로를 보호하기 위해 빠르게 몸의 크기를 바꾼다. 겁에 질린 고양이(그리고 다양한 크기의 고양잇과 동물 대부분)는 적을 위협하기 위해 아주 독특한 자세를 취한다. 척추를 구부리고 털을 부풀리며 '등을 둥글게' 만드는 것이다. 사탕수수 두꺼비*Bufo marinus* 암컷은 천적이나 너무 적극적인 수컷을 쫓아내려고 공기를 들이마셔 몸을 부풀린다. 암컷은 몸을 부풀리면서 원치 않는 수컷 구애자가 자신의 몸에 매달리는 것을 막고, 몸집이 더 큰 수컷이 경쟁자를 쉽게 쫓아낼 수 있게 도와준다.

어류 중에는 참복과와 가시복과의 물고기가 몸을 부풀리는 데 일가견이 있다. 벌룬피시(balloon fish, '풍선 물고기'라는 뜻)라고도 불리는데, 그런 이름이 괜히 붙은 게 아니다. 이 물고기는 위협이 오면 몸을 공 모양으로 만드는데 이렇게 하면 물고기를 붙잡거나 삼키는 것이 매우 어려워진다. 몸을 부풀리는 물고기는 위 내부에 있는 주머니에 물을(천적에 의해 물 밖으로 끌려나올 경우에는 공기를) 채울 수 있다. 이

주머니의 유일한 기능이 바로 물이나 공기를 채우는 것이다. 또 이 물고기는 테트로도톡신이라는 강력한 독을 퍼뜨리기도 하는데, 수많은 천적 종에게 치명적인 것으로 알려진 신경 독소이다. 요리 준비를 잘못했다가는 맛보는 사람들을 무덤으로 보내버리는 복어 역시 빵빵한 몸을 가진 복과 물고기이다.

앨리스의 변화와 가장 비슷한 예는, 방어 메커니즘 안에서 아주 빠르게 키를 줄였다가 늘리는 게 가능한 동물이다. 바로 사하라 이남 아프리카가 원산지인, 키 25cm의 작은 부엉이, 흰얼굴소쩍새*Ptilopsis leucotis*가 그 주인공이다. 일본의 가케가와화조원에 살고 있는 포포짱이란 이름의 새는 이 종을 대표하는 진정한 스타다. 인터넷에서 큰 인기를 끈 동영상을 보면, 포포짱에게 다양한 크기의 다른 새들을 보여줬을 때, 이 새가 단 몇 초 만에 극단적으로 몸의 모양을 바꿨다.

자신보다 살짝 큰, 키 40cm 정도의 원숭이올빼미*Tyto alba*가 나타나자 포포짱은 눈을 크게 뜨고 위협적인 자세로 공작처럼 양 날개를 펼쳐 바퀴 같은 모양을 만들었다. 반대로, 자신보다 훨씬 큰 맹금류인 키 65cm의 검은수리부엉이*Bubo lacteus*를 보여줬을 때는, 몸을 쭉 펴고 길쭉하게 늘린 뒤, 눈 위 깃털을 찡그려 걱정스러운 눈빛을 보인다. 또한, 맹금류 쪽으로 재빨리 몸을 돌리며 한시도 눈을 떼지 않았다. 부엉이의 모든 감각이 경계 상태에 들어간 것이다. 위험한 순간에 이렇게 몸을 바꾸는 전략은, 은신처 역할을 하는 나무 몸통이나 가지에서 눈에 띄지 않게 하고, 작아 보이게 하거나, 사라지게 해준다.

흰얼굴소쩍새가 다양한 종류의 위협에 맞닥뜨렸을 때 취하는 자세

그러나 생물이 몸 크기를 바꾸는 것이 단지 경쟁자에 맞서 자신을 보호하거나 위협하기 위해서만은 아니다. 동물도, 식물도, 버섯도 아닌 완전히 독특한 유기체는 자신의 영역을 탐색하거나 이동하기 위해 몸의 크기를 바꾼다. 일반적으로 '블롭'이라 불리는 황색망사점균*Physarum polycephalum* 이야기이다. '블롭'이라는 이름은 1958년에 개봉한 영화에서 유래했는데, 자신과 마주친 불운한 인간을 삼켜버리면서 점점 자라나는 외계 생명체 이야기다.

현실에서 블롭은 버섯과 박테리아, 실험실 안에서는 귀리 낟알을 먹는다. 이 생물은 노란 스펀지 덩어리처럼 생겼는데 그다지 호감가는 외모는 아니지만 아주 놀라운 능력을 가졌다. 입도 눈도 뇌도 없는 이 유기체는 미로에서 가장 짧은 길을 찾아낼 수 있다. 또한, 마음에 들지 않는 물질을 피하는 법까지 배운다. 거대 단세포로 이루어진 블롭은 어마어마한 크기까지 자란다. 미국에서는 1.3㎢에 달하는 표본이 관찰되기도 했다. 게다가 단 하루 만에 몸 크기를 두 배로 키울 수도 있다. 앨리스, 어서 메모해!

변화와 착시

앨리스는 맨눈으로 알아볼 수 있을 정도로 몸의 변화를 겪는데, 동화 속 다른 주인공들은 앨리스보다 더 급격한 방식으로 외모가 변하기도 한다. 첫 번째 책의 '돼지와 후추' 챕터에 등장하는 공작부인의 아기는 울음소리가 꿀꿀거리는 소리로 변했다가 앨리스가 안아서 달래는 동안 돼지로 변하고 만다. 역시 첫 번째 책에서 두 챕터에 걸쳐 등장하는 '모조' 거북은 한때 자신이 '진짜' 거북이었음을 밝힌다. '앨리스' 책의 그림은 여러 삽화가가 그렸지만, 초판본의 공식 삽화가였던 존 테니얼이 그린 모조 거북은 바다거북의 몸통에 송아지 머리와 뒷발, 꼬리가 달린 괴상한 모습이다.

우리가 사는 세상에도 이런 급격한 변화를 겪는 생명체가 있다. 아기 판다와 어른 판다의 차이만 봐도 알 수 있다. 판다는 태어났을 때 털이 거의 없는 분홍색이고 몸무게가 200g에 불과하지만 어른이 되면 검정과 흰색으로 변하고 몸무게도 100kg에 육박한다.

루이스 캐럴의 세상에 소개되지는 않았지만 빠르고 다채로운 변화를 하는 신기한 동물이 또 있다. 바로 카멜레온. 우리가 생각하는 것처럼 카멜레온은 식물 사이에서 위장하려고 몸의 색을 바꾸는 것이 아니다. 오히려 그 반대다. 수컷 카멜레온은 자기 영역을 지키고, 적을 위협하고 또 암컷을 유혹하기 위해 다채로운 색으로 자신을 꾸민다. 동종에게 자기 의도를 전달하기 위한 일종의 시각적 소통 수단으로 색을 사용하는 것이다. 카멜레온의 색깔 변화에 영향을 미칠 수 있는 또 다른 요인은 서식 환경인데, 체온과 연관이 있다. 카멜레온은 태양 아래에서는 밝은색을 띠고, 날씨가 서늘해지면 어둡게 바꾼다. 몸 색깔의 변화는 카멜레온의 체온을 조절해주는 역할을 한다.

거의 반사적으로 색을 바꾸는 또 다른 챔피언은 바로 두족류[2]이다. 두족류는 피부의 질감이나 이동 방법까지 바꿀 수 있다. 2005년에 발견한 흉내문어*Thaumoctopus mimicus*는 동남아시아의 따뜻한 바다에 분포하는데, 바다뱀, 가자미목 물고기, 점쏠배감펭, 해파리, 곰치, 말미잘, 갯가재 등 다양한 동물의 움직임을 모방한다. 촉수달린 '카피캣'이 적어도 열다섯 종의 동물을 흉내 내는 것이다. 흉내문어는 다리를 비틀고 몸 색깔을 바꾸면서 이렇게 대단한 행동을 한다. 갑오징어도 예외는 아니다. 일부 수컷은, 암컷의 색깔과 행동을 모방하면서 암컷으로 가장하기도 한다. 여장을 하는 목적은? 암컷을 곁에 두고 있는 사나운 다른 수컷의 코앞에서 암컷을 사로잡기 위함이다. 더욱 놀라운 사례는? 호주의 한 연구팀은 갑오징어의 한 종류인 세피아 플랑곤*Sepia*

2 연체동물 가운데 팔이나 다리가 머리에 달려 있는 동물 종류

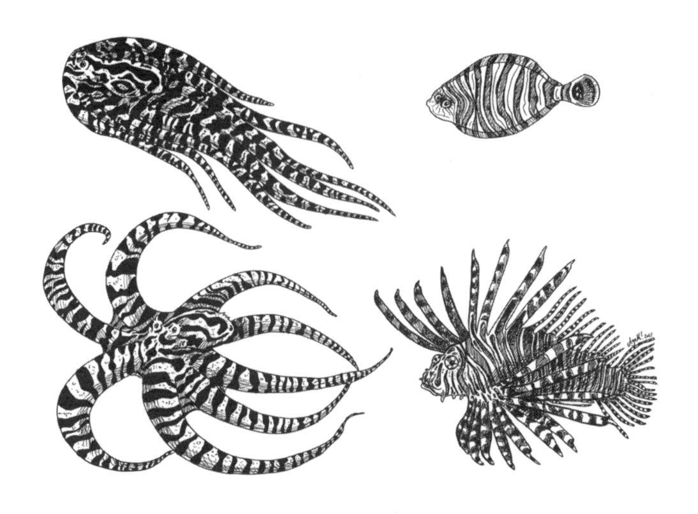

흉내문어는 다른 동물들의 모양이나 이동 방식을 흉내 낸다. 위에 있는 그림은 가자미를, 아래의 그림은 점쏠배감펭을 모방한 모습이다.

*plangon*이 동시에 두 가지 옷으로 갈아입는다는 사실을 증명했다. 자신이 유혹하고 싶은 암컷과 피하고 싶은 다른 수컷이 같이 있을 때, 반은 수컷, 나머지 반은 암컷으로 겉모습을 맞추는 것이다. 한쪽은 수컷의 아름다운 색을 드러내면서 암컷의 마음을 사로잡고, 다른 한쪽은 경쟁자 수컷이 자신을 암컷이라 믿게 만들어서 쫓아내지 못하게 한다.

변태와 변화는 이상한 나라의 주민이 겪는 일상적인 운명인 듯하다. 상징적인 등장인물 가운데 한 명은 예측할 수 없이 나타났다가 사라지고, 난해한 웃음을 짓는 것으로 유명하지 않은가. 어서 그 인물을 만나보자!

2
현실의 존재와 어색한 미소

고양이는 "알았어!"라고 말하고
이번에는 아주 천천히 사라졌다.
꼬리부터 먼저 사라지다가
나머지 몸이 다 사라진 뒤에는
고양이의 웃음만
그 자리에 한동안 남아 있었다.

앨리스의 세계에서 가장 유명해진 체셔 고양이는 사실, 초판본에는 존재하지 않았다. 체셔 고양이는 '돼지와 후추' 챕터에 나오는 공작부인의 부엌에서 처음으로 등장한다.

"부엌에서 재채기하지 않는 건 요리사와 아궁이 앞에 엎드린 채 입이 귀까지 걸려 웃고 있는 덩치 큰 고양이뿐이었다."

존 테니얼과 아서 래컴 등 수많은 삽화가가 체셔 고양이를 큰 웃음을 짓고 있는 땅딸막한 줄무늬 고양이로 묘사했고, 1903년에 발표한 첫 영화에서는 침착하고 털이 긴 수컷 고양이가 나왔다. 그러다 디즈니 애니메이션에서 색이 입혀져 푸크시아핑크색 고양이가 됐다가 팀 버튼의 영화에서는 청록색 고양이로 등장한다.

독특한… 웃음을 가진 현지 고양이!

사실 이 고양이의 특징을 가장 잘 나타내는 건, 줄무늬도, 높은 나뭇가지 위를 좋아하는 성향도 아닌, 미소다.

이야기에 처음 등장할 때도, 공작부인은 앨리스의 질문에 답하며 체셔 고양이를 웃는 고양이로 소개한다.

"저는 체셔 고양이가 이렇게 계속 미소 지을 수 있는 줄 몰랐어요. 쥐들의 적이라고만 생각했지, 미소 지을 수 있다는 건 몰랐어요."

공작부인은 "체셔 고양이는 웃을 수 있어. 대부분 저렇게 웃고 있지."라고

말했다.

일단 전후 맥락을 살펴보자. 왜 체셔일까? 체셔는, 과거 '체스터'라 불린 잉글랜드 북서쪽 지방을 말한다. 유난히 푸른 농촌인 체셔는 치즈 제조, 실크 생산, 소금 추출 등의 농산업으로 유명하다. 1832년 1월 27일 데어스베리에서 태어나 뒤에 루이스 캐럴이 되는 찰스 럿위지 도지슨의 고향이기도 하다.

혹시 이 지역에 갈 일이 있다면 '올 세인츠 교회'에 들러볼 것을 권한다. 작가의 탄생 100주년을 기념해 교회 스테인드글라스를『이상한 나라의 앨리스』주인공들로 꾸몄는데, 아기 예수의 탄생을 지켜보는 앨리스와 루이스 캐럴의 모습도 볼 수 있다.

작가는 자기 고향을 바탕으로 체셔 고양이라는 등장인물을 만들어 냈다. 사실 1865년 첫 번째 책을 출간하기 전, 루이스 캐럴의 동시대인들은 '체셔 고양이처럼 웃는다.(to grin like a Cheshire cat)'라는 표현을 흔하게 사용했다. 1700년대 말부터 쓰인 이 유명한 표현의 기원은 여전히 수수께끼인데, 두 가지 설이 가장 유력하다. 먼저, 체셔 지역의 어떤 화가가 여관 팻말 그림으로 웃는 사자를 많이 그렸는데, 그림이 실제와는 거리가 멀어 고양이로 착각했다는 것이다. 두 번째는, 한때 체셔 지역의 유명한 치즈를 웃는 고양이 얼굴 모양으로 만든 적이 있기 때문이라는 주장이다. 작가인 카츠코 카사이는, 치즈를 바깥쪽에서부터 고양이 미소 쪽으로 베어 물어 맛을 보면, 상상 속의 고양이가 나타났다가 사라지는 느낌이 든다고 말하기도 했다.

광대뼈 이야기

그런데, 실제로 고양이는 미소만 지을 수 있을까?

영국의 자연과학자 찰스 다윈은 1872년 출간한 『인간과 동물의 감정 표현』이라는 책에서 여러 종에게 나타나는 다양한 표정과 몸짓을 소개했다. 다윈은 동물에게서 관찰한 일부 표정을 인간의 표정과 비교하기도 했고, 얼굴 근육의 수축 작용을 통해 반사적인 표정이 만들어진다고 설명했다.

현대 과학자들은 다윈보다 몇 걸음 더 나아가, 얼굴 근육의 움직임을 기호로 만들어 계량하고, 꼭 감정과 연관되지 않더라도 어떤 맥락에서 근육이 움직이는지 파악할 수 있는 시스템을 만들었다. FACS(Facial Action Coding System, 표정 부호화 시스템)라고 불리는 이 시스템은 1978년 에크만과 프리젠이 사람의 표정을 분석하기 위한 목적으로 고안했는데 2017년부터는 침팬지, 원숭이, 긴팔원숭이, 오랑우탄, 말, 개, 고양이 등 일곱 동물의 표정 분석에도 적용하기 시작했다.

고양이 표정 부호화 시스템(Cat FACS)은 고양이에게서 근육의 움직임과 연관된 열다섯 가지 행동, 귀의 움직임과 관련된 일곱 가지 행동, 스스로 핥기, 소리내기 또는 무언가를 핥기 등 열두 가지 기타 행동을 찾아냈다. 이런 모든 행동은 약간의 변화는 있지만 인간의 기호화된 행동과 비교할 수 있다. 물론, 수염을 수축시키거나 자신의 코를 핥는 행동은 인간 행동 목록에 존재하지 않는데, 참으로 안타까운 일이다.

고양이도 사람처럼 입술을 움직이고 웃는 표정을 만드는 데 여러 근육이 관여한다. '대관골근'이라는 특수한 근육의 움직임으로 입술 가장자리를 귀까지 들어올리는 것은 'AU12'라는 기호로 표시한다. 그런데 사실 고양이의 입술 가장자리는 눈에 잘 보이지 않는다. 게다가 고양이는 **돌출악**이라서 사람보다 턱이 상당히 두드러진 데다가 털이 얼굴 근육의 움직임을 가린다. 결국 고양이도 웃을 수 있지만, 그 웃음을 보기는 매우 어렵다는 뜻이다. 고양이의 근육 움직임이 사람의 근육 움직임과 유사하다고 해도, 과연 그 표현이 사람과 고양이 모두에게 같은 의미를 지닌 것일까?

거짓된… 미소?

미소는 보편적으로 사람들에게 긍정적으로 받아들여진다고 생각하지만, 사실 지구 곳곳에서 미소를 받아들이는 방식은 상당히 다양하다. 유명한 러시아 속담에 이런 말이 있다. '이유 없는 미소는 어리석음의 표시다.' 폴란드와 노르웨이 정부 역시 관광객에게 우스갯소리로, '길거리에서 미소 짓는 모습을 보이면, 사람들이 당신을 미쳤다고 생각할 것이다.'라고 알린다. 우리의 체셔 고양이처럼? 틀림없다.

미소는 소통 수단이지만, 장소와 **문화**에 따라 불리하게 작용하기도 한다. 미소 짓는 방식에 따라 그 사람의 정직성이나 지성이 평가될 수도 있다. 44개의 다른 문화권에서 진행된 한 연구에 따르면 한국, 일본, 인도 남부 케랄라주, 이란, 프랑스에서는 실험대상자들이 미소를 짓지 않는 사람보다 미소 짓는 사람이 훨씬 더 똑똑하다고 생각한 것으로 나타났다.

사실 사람들의 미소에는 여러 종류가 있는데 그 의미가 모두 같지는 않다. 사회 심리학자 폴라 니덴탈 교수의 연구팀이 2010년 발표한 연구에서는 미소를 세 가지로 구분했다. 사람 외에 다른 영장류에서도 발견할 수 있는 반사적 미소는 기쁠 때나 성공했을 때 나타나고, '친화적인' 미소는 다른 사람들에게 자신의 긍정적인 의도를 전하는 기능을 하는데, 사회적 관계를 만들기 위한 신호를 보낸다. 또한, 지배의 미소는 사회적 지위, 통제를 반영하는데 여기에는 계략과 냉소 또는 자부심의 미소를 포함할 수 있다.

그렇다면 동물은 어떨까? 동물의 미소는? 여기에 관해서는 신중할 필요가 있다. 사람의 감정과 의도를 다른 동물에게 투영하는 **의인화**는 많은 이들의 관심을 집중시키기 때문이다. 인터넷상에 넘쳐나는 '미소 짓고 있는' 동물의 이미지나 압축 파일, 밈이 바로 그 증거다. 하지만 사람들의 해석은 잘못됐다. 사실 이미지 속에서 미소를 띠고 있는 동물은 부정적인 감정 상태에 놓여 있기 때문이다. 여러 동물에게 다양한 미소가 존재하지만, 그 의미가 모두 같지는 않다. 영장류의 미소 중에서 사람의 표정과 비교할 수 있는 두 가지 미소가 있는데, 이를 통해 사람과 영장류의 공통적인 행동 기원을 발견할 수 있다.

첫 번째는 '플레이 페이스(play face, 놀이 얼굴)' 또는 '릴랙스드 오픈마우스 디스플레이(relaxed open-mouth display, 편안히 입을 벌리기)'라 불린다. 동물이 입을 크게 벌리고 미소 짓는데 이빨이 입술에 가려지는 경우다. 이 표정은 사람의 웃음소리와 유사한 불규칙적인 강한 호흡을 동반한다. 동물들의 놀이 상황에서 관찰되고, 대부분 어린 동물들에게 자주 나타난다.

'베어드티스 디스플레이(bared-teeth display, 이빨을 드러내기)'라 불리는 두 번째 표현은 좀 더 복잡하다. 네덜란드 과학자 얀 판 호프는 이 두 번째 표정을 여러 가지로 분류했지만, 모든 경우에서 동물들은 어색한 웃음을 짓는 것처럼 입술을 수축한 상태로 이빨과 잇몸을 드러낸다. 이때 동물들은 조용히 눈을 고정시킨 채 경직돼 있다. 다른 개체와의 싸움에서 이 표정을 짓는 침팬지의 모습이 많이 목격되기도 했다. '두려움의 미소'라고도 불리는 이 미소는 다른 동물을 진정시키는 신호다. 신호를 보내는 동물의 스트레스도 함께 전달되고, 복종의 제스처로 쓰이기도 한다.

안타깝게도 특정 광고 이미지에 등장하거나 우스꽝스럽게 꾸며낸 침팬지의 미소가 바로 이 미소인데, 이런 표정을 지을 당시 침팬지는 실제로 전혀 재밌지 않았을 거라고 짐작할 수 있다. 결국, 여러 가지 다른 상황에서 관찰되는 플레이 페이스와 베어드티스 디스플레이 두 표정은 개체 사이의 사회적 관계를 강화하고 긴장감을 낮추는 목적이 있다.

유전적인 면에서 사람과는 조금 다른 동물도 보이는 것과는 다른 의

다른 의미를 갖는 침팬지의 두 가지 '미소'. 첫 번째(play face)는 놀이를 제안하는 미소이고, 두 번째(bared-teeth display)는 침팬지의 불안을 드러내는 미소다.

미의 미소를 짓는 경우가 있다. 개의 미소는 두려움, 진정, 순종을 나타내는 특징적인 신호다. 이런 신호는 불편한 상황에 놓인 동물의 혹시 모를 공격을 막을 수 있게 해준다. 특히 어린아이들에게 이 '웃음'의 의미를 알려준다면, 반려동물이 보내는 예방 신호에도 불구하고 여전히 빈번히 일어나는 물림사고를 피하는 데 큰 도움이 될 것이다.

이외에도, 귀를 내리고, 혀를 아주 빠르게 여러 차례 내밀거나 눈을 반쯤 감는 등의 행동도 주목해볼 만하다. 이런 행동은 개의 불안을 드러내는 표시로, 보이는 그대로를 의미하는 신호다. 그런데도 인터넷에서는 이런 행동을 포착한 이미지가 '자비로움'과 연관돼 애정이나 기쁨의 표현으로 받아들여진다. 실제로는 전혀 그런 뜻이 아닌데도 말이다. SNS에 이런 이미지를 올리기 전에 한 번 더 생각해보자. 이 이미지가 분위기를 누그러뜨리는 역할을 한다 해도(트위터에서는 여전히 이런 이미지가 유용하게 쓰인다.) 개들이 반성하는 듯한 태도는 결국 좋은 의미를 담고 있지 않다.

그러면 가르랑거림은?

"그럼 네가 미쳤다는 건 어떻게 아는데?"

"어디 보자, 개들은 안 미쳤어. 너도 알지?" 고양이가 말했다.

"그런 것 같아." 앨리스가 대답했다.

"그렇다면 개들이 화났을 때 으르렁대고, 기분이 좋을 때 꼬리를 흔든다는 것도 알겠구나. 그런데 난 기분이 좋을 때 으르렁대고, 화가 날 때 꼬리를 흔들거든. 그러니 난 미친 거지." 고양이가 계속해서 말했다.

"난 그걸 가르랑거린다고 말해, 으르렁거린다고 하지 않고." 앨리스가 말했다.

"어떻게 말하든 그건 네 마음이지." 고양이가 말했다.

체셔 고양이의 미소는 그 의미를 알아차리기 힘들다. 그렇다면 가르랑거림은 어떨까? 앨리스에 대한 애정 혹은 평온한 심리 상태를 드러내는 걸까? 고양이의 가르랑거림은 미소와 마찬가지로, 평안한 상태인지 탐지할 수 있는 확실한 단서다. 사람들은 흔히 고양이를 부드럽게 쓰다듬을 때 이런 규칙적이고 편안한 듯한 소리를 내는 것이 고양이가 기분이 '좋기' 때문이라고 생각한다.

그러나 이 역시 우리가 생각하는 것보다는 좀 더 복잡하다. 앨리스도 이 사실을 깨닫고, 두 번째 책에서 자신의 아기 고양이 키티와 스노드롭을 바라보며 가르랑거림에 관해 이야기한다.

(앨리스가 이미 지적했듯이) 아기 고양이들은 누가 무슨 말을 하든 항상 가르랑거리는 아주 나쁜 버릇을 가지고 있었다. 앨리스가 한숨을 쉬며 말했다.

"가르랑거리면 '응'.이고, 야옹거리면 '아니.'라거나, 어떤 규칙을 따르기라도 한다면 좋을 텐데. 그러면 고양이하고 대화라도 할 수 있잖아! 늘 똑같은 말만 하는 사람이랑 어떻게 대화를 하겠어?"

고양이는 이 말에도 여전히 가르랑대기만 했고, 그래서 고양이가 '응.'이라고 한 건지 '아니.'라고 한 건지 알 수가 없었다.

고양이들은 배가 고프거나, 스트레스를 받거나, 죽을 정도로 심하게 부상을 당했을 때 가르랑거린다. 힘이 없는 상태에서 가르랑거리는 것은 **정직한 신호**로 쓰일 수 있는데, 고양이가 어떤 위험성도 드러내지 않는다는 의미다. 또 다른 가설로, 가르랑거림이 치유의 메커니즘일 수도 있다는 주장이 있다. 과학자 엘리자베스 본 머겐테일러는 집고양이의 가르랑거리는 소리와 서벌, 오실롯, 퓨마 등 특이한 소리를 낼 수 있는 다른 고양잇과 동물의 소리를 녹음했다. 녹음 분석 결과, 동물들이 낸 가르랑거림의 주파수는 25~150㎐ 사이였다. 그런데 이 주파수는 사람의 뼈와 근육 재생치료, 상처 및 호흡기 문제치료 등에 사용되는 진동 및 전기 주파수와 아주 정확하게 일치했다. 그러므로 고양이는 가르랑거림을 통해서 혼자 치유하는 것이라 짐작해볼 수 있다.

물론, 고양잇과 동물과 일부 사향고양잇과 동물(그렇다, 사랑스러운 얼룩무늬 야생 동물인 사향고양이 역시 가르랑댄다.)의 가르랑거림이 정확히 어떤 기능인지는 여전히 미스터리이지만, 한 가지는 확실하다. 고양이들이 가르랑거림을 이용해서 우리를 조종한다는 사실이다. 고양이는 벌써 1만 년째 우리 곁에 살고 있지만, 우리는 여전히 왜, 어떻게 이런 기이한 조합이 만들어졌는지, 고양이를 진정 '반려동물'이라고 말할 수 있는지 확실히 알지 못한다. 고양이들은 자신의 목적을 달성하기 위해 전략을 세웠던 게 분명하다.

영국의 캐런 매콤 동물 행동·인지학 교수와 동료들은, 반려 고양이가 주인에게 먹이를 요구할 때와, 그렇지 않을 때의 고양이의 가르랑거림을 녹음했다. 녹음된 소리를 아무 설명 없이 들은 사람들의 반응은 확실했다. 모든 실험 참가자가 먹이를 요구할 때의 가르랑거림 소리가 그렇지 않을 때보다 훨씬 더 급박하고 듣기 불편하다고 판단했다. 구조적으로 살펴보면, 두 종류의 가르랑거림은 서로 다른 효과를 가졌다. 먹이를 요구하는 가르랑거림에서만 아주 뚜렷하게 주파수가 최고조로 높아진다. 과학자들은 이 소리가, 곤경에 빠진 어린 동물의 울음소리를 흉내 낸 것이고 그래서 사람들이 가여운 동물을 돕기 위해 즉각 반응하게 된다고 생각했다.

또한, 실험 참가자가 고양이를 기르는지에 따라서도 인식 차이가 발생했다. 고양이를 기르는 사람이 훨씬 더 빨리 가르랑거림의 급박성을 알아챘다. 결국 고양이는 우리를 조종할 뿐만 아니라, 시간이 흐르면서 자기 요구에 응답하도록 사람들을 훈련시킨 것이다.

그러니 조심하렴, 앨리스. 체셔 고양이도 미소와 가르랑거림으로 널 속이려 들지 모르니까!

그래도 웃어야지

미소에서 웃음까지는 한 끗 차이다. 프랑스의 작가 프랑수아 라블레는 풍자소설 『가르강튀아』에서 이렇게 말했다.

'눈물을 흘리는 것보다는 웃는 것이 더 나은 일이니, 웃음은 인간의 특성이라.'

불의 사용, 도구의 제작 및 사용과 더불어 웃음은 오랫동안 인간에게 고유한 특성이라 여겨져 왔다. 그렇다면 다른 동물은 포복절도할 수 없을까? 인간만이 유일하게 배꼽을 잡고 웃는 걸까? 전혀 그렇지 않다.

인간의 사촌인 **유인원**(고릴라, 침팬지, 보노보, 오랑우탄)에게서는 인간과 공통되는 광범위한 특징의 미소가 존재하는데, 웃음에 대해서도 마찬가지다. 최근 발표한 연구들에서, 유인원이 낮은 주파수의 급격하고 불규칙한 그르렁거리는 소리를 낸다는 사실이 밝혀졌는데, 이는 사람들이 "하하하" 하고 웃는 소리와 유사했다. 이런 웃음은 새끼들의 놀이 상황뿐만 아니라 어른과 새끼 사이에서도 발생했다. 침팬지들은 간혹 단순히 자신의 놀이 상대가 장난치는 소리를 들을 때 웃기도 한다. 이때의 웃음소리는 침팬지들이 서로 사랑에 빠졌을 때 본능적으로 내는 소리보다 더 짧다. 이런 웃음은 간지럼을 태우면 쉽게 나오는데, 과학자들은 원하는 소리를 수집하기 위해 매우 적극적으로 유인원들을 간질였다. 인간의 웃음은 약 1,000만 년~1,600만 년 전, 이런 놀이 상황에서 유인원의 공통 조상으로부터 진화한 것으로 보인다. 그러니 우리는 꽤 오랫동안 웃어 왔다고 할 수 있다.

그런데 유인원들만 유일하게 웃고 헤헤거릴 수 있는 걸까? 그렇지 않다. 일상에서 우리와 훨씬 더 가까운 다른 포유류도 웃음소리를 내는 것으로 유명하다. 바로 쥐가 그 주인공이다. 1990년대 말, 신경과학자이자 정신생물학자인 자크 판크세프와 동료 제프리 버그도프는 실험실 쥐의 놀이와 사회생활에 관심을 가졌다. 이들은 쥐를 간지럽힐 때, 쥐들이 초음파(인간의 귀로 들을 수 있는 소리보다 훨씬 더 고음인 소리)이자 최고 50㎑에까지 이르는 고주파로 된 찍찍 소리, 작은 고함 소리를 낸다는 사실을 알아냈다. 과학자들은 쥐의 등, 배, 몸 전체를 간질일 때, 지속해서 이 소리가 난다는 사실도 파악했다. 게다가 쥐에게는 다른 곳보다 민감한 부분이 있었다. 쥐는 등이나 배의 앞쪽이나 뒤쪽만을 간질일 때보다 몸 전체를 간질일 때 더 많이 웃었다. 새끼 쥐들은 간지럼이 지속될 때와 멈췄을 때 어른 쥐보다 더 많이 웃었고, 자신들에게 재미를 선사한 인간의 손을 따라오기까지 했다. 더 간지럽혀 달라고 요구한 것이다. 반면에, 고양이 냄새가 나거나, 스트레스가 있는 조건에서는 평소보다 훨씬 적게 웃었다. 웃음기가 없어진 것이다.

이 실험 결과를 과학계에서 받아들이기까지는 어느 정도 시간이 필요했지만, 그동안 동물의 감정에 대한 우리 생각을 완전히 바꾸어 놓았다. 그러므로 체셔 고양이처럼, 인간과 다른 동물 사이의 나눌 수 없는 경계가 최대한 빨리 사라지기를 바라는 수밖에 없다. 세상은 앞으로 나아가고 있으니, 미소를 잃지 말자!

3
환상의 존재 모음

"있잖아요, 저도 유니콘은 우화 속의 괴물이라고만 생각했어요!

이렇게 살아 있는 유니콘은 처음 봐요!"

"그래, 우린 이제 서로를 봤구나. 네가 내 존재를 믿는다면,

나도 네 존재를 믿을게. 그럼 됐지?"

앨리스는 이상한 나라와 거울 나라에서, 상상의 세계에서 나온 인물들을 만난다. 영국의 유명한 동요 주인공인 담장 위에 앉아 있는 달걀 험프티 덤프티, 트위들디와 트위들덤 쌍둥이, 유니콘이나 그리폰 같은 우화 속 동물들을 말이다. 르네상스시대가 끝날 무렵부터(16세기 말경) 이 동물들의 존재 여부에 관한 많은 의견이 있었지만, 이들은 타피스리와 원고, 귀한 가구를 장식하며 상상의 세계, 문학과 예술 안에서 살아남았다. 또한 이들은 심벌과 문장(紋章), 나중에는 상표의 로고나 장난감이 되었다.

루이스 캐럴은 실제로 존재할 것 같지 않은 온순하거나 끔찍한 잡종 등 자신만의 기이한 동물을 만들어내곤 했는데, 이들은 '재버워키' 시에 언급되는 어두컴컴하게 우거진 숲에 산다. 이제 쌍안경, 돋보기, 스케치 노트를 꺼내들고, 이 놀라운 동물들을 좀 더 가까이에서 관찰하러 떠나보자!

유니콘 대 사자

앨리스는 거울 나라에서 험프티 덤프티와 대화를 나눈 뒤 하얀 왕을 만난다. 하얀 왕에게는 행동이 조금 이상한 전령이 둘 있는데, 그들은 다름 아닌 첫 번째 책의 3월 토끼와 모자 장수

다. 전령들은 앨리스에게 마을에서 벌어지는 특이한 싸움 소식을 전한다. 사자와 유니콘이 하얀 왕의 왕관을 두고 싸우고 있었던 것이다. 이 대목은 19세기에 널리 알려진 동요를 참고한 부분인데, 앨리스도 이 노래를 기억하고 부른다.

"사자와 유니콘이 왕관을 차지하려 싸우고 있었다네.
사자가 온 마을을 돌며 유니콘을 때렸다네.
누군가 그들에게 흰 빵을 주고, 누군가는 갈색 빵을,
누군가는 건포도 케이크를 주고선
마을에서 쫓아내버렸다네."

이 동요는 17세기 초에 만든 것으로 알려졌다. 스코틀랜드의 제임스 6세가 엘리자베스 1세 여왕의 뒤를 이어 잉글랜드의 왕이 되며, 잉글랜드와 스코틀랜드의 왕가를 합친 시기다. 당시에 스코틀랜드 군대의 상징은 유니콘 두 마리였고, 잉글랜드 군대의 상징은 사자 두 마리였다. 두 나라의 통일을 나타내기 위해 사자 한 마리와 유니콘 한 마리가 새로운 문장 양쪽에 자리하게 됐다.

이 동요는 그다음 세기인, 1688~1746년 사이 자코바이트의 난이 일어난 때에 큰 인기를 얻었다. 명예혁명(1688~1689) 이후, 가톨릭 신자인 잉글랜드의 제임스 2세(스코틀랜드의 제임스 7세)가 폐위되자 그를 따르던 이들은 전쟁과 봉기를 통해 제임스 2세를 왕위에 다시 앉히고 후계자에게 왕권을 되돌려주고자 자코바이트의 난을 일으켰다.

존 테니얼은 이 대목에서, 당시 의회에서 틈만 나면 다퉜던 두 의원 벤저민 디즈레일리(유니콘으로 표현)와 윌리엄 유어트 글래드스턴(사자로 표현)을 풍자한 그림을 그렸다. 우리가 아는 유니콘이 사자와 싸움을 한다는 건 사실 상상하기 어렵다. 하지만 유니콘은 처음부터 순수하고 친절한 동물은 아니었다. 유니콘은 (특히 코끼리를 상대로 싸우는) 사나운 싸움꾼이기도 했다.

유니콘에 대한 최초의 묘사는 기원전 5세기, 그리스 의사

크테시아스의 저서에 등장한다. 크테시아스에 따르면, 유니콘은 인도의 야생 당나귀 종류로, 매우 민첩하며 하얀색 몸에 자줏빛 머리와 파란 눈을 가졌다. 뿔은 아래에서 위로 갈수록 색이 달라지는데, 아랫부분은 하얀색이고 제일 위쪽은 검정과 붉은색이다. 이는 독에 맞서 싸울 수 있는 뿔의 특징을 나타내는 것이기도 하다. 1세기, 로마 제정기의 정치가이자 학자인 플리니우스는 저서 『박물지』에서, 뿔이 하나인 동물 모노세로스를 이렇게 묘사했다.

"말의 몸, 사슴의 머리, 코끼리의 발, 멧돼지의 꼬리를 가졌고, 낮고 사나운 울음소리를 내며, 이마 한가운데에 약 1m 길이의 검정 뿔 하나가 솟아 있다. 사람들은 이 동물이 실제로 살아 있다고 생각하지 않는다."

이후 여러 작가가 유니콘을 묘사했지만, 중세시대의 자연백과라 할 수 있는 『피지올로구스』에서 소개한 내용이 오늘날 우리가 아는 유니콘의 모습으로 굳어졌다. 2세기 무렵 만들어진 이 작품은 기독교식 동물도감으로, 실제 존재하는 동물과 우화 속의 동물, 몇몇 식물과 돌에 관해 기술하고 있다. 각각의 '자연주의적' 묘사에는 윤리적·종교적 의미를 상세히 설명한 글도 함께 소개돼 있다. 『피지올로구스』는 후대의 동물도감에 지대한 영향을 미쳤고, 특히 중세시대의 동물도감은 이 책을 영감의 원천으로 삼았다. 『피지올로구스』에 등장하는 일각수는 크기가 작고, 머리 중앙에 뿔 하나가 달린 새끼 염소를 닮았지만, 여전히 매우 사나운 모습이다. 또한 이 책에는 순결한 어린 소녀를 미끼로 유니콘을 사냥하는 전통 기술이 설명돼 있다. 소녀의 순수함에 이끌린 위험한 동물은, 버전에 따라 소녀의 가슴 위에 눕거나, 무릎 위에서 잠이 든다. 사냥꾼들은 그런 유니콘을 죽이거나 붙잡기만 하면 됐던 것이다.

휘어진 뿔을 가진 푸른색이나 붉은색 유니콘도 동물도감에 등장하는데, 나선형의 곧은 뿔 하나를 가진 흰 염소의 형태가 유니콘의 전형으로 굳어지게 된다. 이후 수백 년이 지나면서 유니콘은 말의 형태로 변하며 크기가 커졌다. 그럼에도 염소의 갈라진 발굽과 짧은 수염 그리고 크고 곧은 나선형 뿔은 한동안 유지된다. 중세시대에 북유럽에서 온 진짜 유니콘의 (혹은 적어도 진짜라고 팔리는) 뿔이 유행하면서 이런 뿔의 모습이 더욱 강한 인상을 남겼다.

유니콘의 뿔에 치료 효과가 있다고 믿는 이들 때문에 피해를 본 작은 고래가 있다. 바로 일각돌고래*Monodon monoceros*다.

일각돌고래는 북극해에서 무리 생활을 하고, 길이가 3m에 이르는 나선형의 긴 이빨을 가졌다. 그렇다, 상아가 아니라 이빨(대부분 왼쪽 송곳니)이 윗입술을 통과해서 나 있다. 이 긴 이빨은 수컷(어떤 수컷은 두 개를 가졌다.)과 몇몇 암컷에게만 있다. 지금까지도 이 긴 이빨의 역할이 무엇인지 정확히 알려지지 않았다.

아주 많은 신경 말단이 존재하는 이 엄니는 돌고래에게 주변 환경(온도, 압력, 바다의 염도, 성페로몬의 존재 여부)에 대한 정보를 가져다주는 탐지 기관일 수 있다. 그러나 암컷에게는 없는 기관이기 때문에 이러한 정보가 일각돌고래의 생존에 필수 조건은 아닐 것이다. 그렇다면 성 선택 측면을 살펴볼 필요가 있겠다. 암컷이 자신에게는 없는 이 엄니를 가진 수컷을 더 좋아할까? 아니면 사랑의 시기가 왔을 때 이 엄니가 수컷으로 하여금 암컷이 있는 장소를 찾아내도록 도와주는 걸까? 그것도 아니면 수컷들끼리의 경쟁에서 어떤 역할을 하는 걸까?

어쨌든, 중세시대에는 엄니를 가진 것이 일각돌고래에게 이점이 아니었다. 사람들이 아주 적극적으로 엄니를 찾아나섰기 때문이다. 15세기와 16세기 무렵에는 '유니콘의 뿔'이

금보다 더 값나갔을 정도였다. 르네상스시대에 시작된 세계 탐험 항해를 통해, '바다의 유니콘'이라 불린 일각돌고래와 엄니의 존재가 유럽에 알려지게 됐고, '유니콘의 뿔' 값은 폭락했다. 18세기부터 유니콘의 존재를 믿는 학자의 수는 줄기 시작했고, 19세기가 돼서야 유니콘은 우화 속 동물로 완전히 자리하게 됐다.

실제이든 우화 속에 존재하는 것이든, 세상에 알려진 생명체가 이상한 나라와 거울 나라에만 있는 것은 아니다. 루이스 캐럴은 '어두컴컴하게 우거진 숲속'이라 불리는 숲속에 사는 아주 기이한 다른 존재를 상상해냈다. 하지만 조심해야 한다. 그 숲은 악명높은 재버워크의 소굴이니 말이다. 재버워크가 없기를 기도하며 어두컴컴하게 우거진 숲속으로 산책을 가보자!

재버워크가 없을 때 숲속을 산책하자

거실에서 거울 속으로 들어간 앨리스는 방금 떠나온 곳과 아주 많이 닮은 공간에 도착한다. 물론, 말하는 체스 말들이 어지럽게 놓여 있는 등 확연히 다른 점이 있지만 말이다. 앨리스는 탁자 위에 펼쳐놓은 책을 발견하지만 책에 쓰인 글을 읽지 못하다가, 글씨가 좌우로 뒤집혀 적혀 있다는 사실을 깨닫는다.

앨리스가 책에서 읽은 내용은 루이스 캐럴의 세계에서도 지극히 자유분방한 것들이었다. 바로 터무니없음의 극치인 난센스 걸작, 재버워키 시였다. 시구절에는 루이스 캐럴이 만들어낸 존재와 동사 '가이르(gyre, 자이로스코프처럼 윙윙거리며 돌다)', 정확히 밝혀지진 않았지만 영웅의 검을 뜻하는 형용사 '보펄(vorpal)' 등 특별히 창조한 단어들도 있다.

명확한 것을 좋아하는 작가는 『거울 나라의 앨리스』 초판본의 서문에 자신이 만들어낸 단어를 어떻게 발음해야 하는지 설명했다. 존재하지 않는 단어라고 해서 잘못 발음해도 되는 것은 아니니 말이다. 상상의 동물을 가리키는 작가의 언어 창작물('보로고브borogoves'처럼) 가운데 일부는 앨리스의 모험과는 별개로, 1876년에 출간된 작가의 다른 이야기 『스나크 사냥The Hunting of the Snark』에도 등장한다.

재버워키 시에는 기이한 동물이 여럿 등장한다. 첫 번째 연은 이렇다.

저녁밥을 굽데울 때, 나쭉나쭉 토브들

해밭에서 날뚫을 때 핑글 돌았지.

모두들 불약한 건 보로고브들

그래서 몸 래스들 고함 불었지.

무슨 말인지 단번에 알아들을 수 있지 않은가? 이야기 속에서는 얼마 뒤 만난 험프티 덤프티가 앨리스에게 자신이 '태초부터 세상에 나온 모든 시와, 아직 세상에 나오지 않은 수많은 시까지 해석'할 수 있다고 자신 있게 말한다. 앨리스는 험프티 덤프티에게 시를 읽어주고, 그의 설명을 듣는다.

"토브는 말이지, 뭔가 오소리 같기도 하고, 도마뱀 같기도 하면서 약간 코르크 따개 같기도 한 걸 뜻하지."

"정말 이상하게 생겼겠네요.(…)"

"(…) 보로고브는 초라하게 비쩍 마른 새인데, 깃털이 사방으로 비죽 솟아 있지. 살아 있는 대걸레처럼 말이야."

"몸 래스는요? 제가 너무 귀찮게 하는 게 아닌가 모르겠어요."

앨리스가 말했다.

"글쎄, 래스는 일종의 초록색 돼지 종류인데, '몸'은 확실히 모르겠어. '집에서 온 몸'의 줄임말 같은데, 길을 잃었다는 뜻으로 쓰인 거지."

사실, 작가는 이 시의 일부를 '앨리스' 책이 출간되기 전에 완성했다. 형제자매와 함께 주기적으로 만들던 신문 〈미시매시Mischmasch〉에 1885년 시의 도입부가 등장했기 때문이다. 가족신문에서 이 동물들에

퀴비에의 설명에 따른 큰돼지코오소리의 모습(1825)

대한 설명을 찾아볼 수 있는데, 험프티 덤프티의 설명과는 약간 다르다.

"토브: 오소리의 한 종류. 매끈한 흰털과 커다란 뒷발 그리고 사슴뿔 같은 작은 뿔이 있다. 주로 치즈를 먹고 산다."

"보로고브: 멸종된 앵무새속. 날개가 없고, 부리는 위로 올라갔으며, 해시계 아래에 둥지를 틀었다. 송아지 고기를 먹고 산다."

"래스: 육지 거북의 한 종류. 곧게 세워진 머리, 상어의 입 같은 입을 가졌다. 앞발은 안쪽으로 휘어져서 무릎으로 걸어다닌다. 몸은 매끈한 초록색이다. 제비와 굴을 먹고 산다."

이런 모습을 한 동물들이 진짜로 존재한다고 생각하기는 힘들다. 하지만 토브에 알맞은 아주 적당한 후보가 존재한다. 아마 한 번도 들어본 적 없는 동물일 것이다. 동남아시아의 숲속에 사는데, 이 동물에 관한 연구는 거의 이루어지지 않았다. 바로 큰돼지코오소리*Arctonyx collaris*로 '흰목오소리'라고도 불린다. 털은 대부분 밝은 회색이고, 이마와 양 볼만 흰색을 띤다. 유럽오소리*Meles meles*와 유사하고, 키는 약 1m에 몸무게는 7~15kg 정도로, 몸집 역시 유럽오소리에 견줄 만하다. 돼지나 두더지의 코처럼 길쭉한 주둥이 때문에 돼지코오소리란 별명이 붙었다. 여기에서 코르크 마개의 따개같이 생긴 꼬리를 상상하는 건 그리

산토끼 그리고 우리의 재카로프 '뿔 난 산토끼'

어렵지 않다. 하지만 오소리에 사슴뿔을 더하는 건, 무언가에 영감을 받은 작가의 창의적인 두뇌가 아니고서야 불가능한 상상이다. 북미 민속의 신화적 동물인 재카로프(jackalope)를 들어본 적이 있는가? 이 이름은 산토끼를 뜻하는 'jackrabbit'과 영양을 뜻하는 'antelope'를 합친 말이다. 그렇다, 이건 사슴뿔이 달린 산토끼라서 오소리가 아니다. 하지만 점점 정답에 가까워지고 있다.

잠깐 다른 이야기를 하자면, 재카로프의 사촌이라고 할 수 있는 존재가 독일의 바이에른에 살고 있는데, 16세기부터 알려진 볼퍼팅거(wolpertinger)라는 동물이다. 이 동물은 뿔과 함께 날개 한 쌍 그리고 입술 밖으로 튀어나온 아주 날카로운 이빨을 지녔다. 재카로프는 1602년 처음으로 콘라트 게스너의 책 『동물지』에 노루의 뿔을 가진 산토끼의 모습으로 소개됐다.

그런데 뿔이 난 이 토끼들은 그저 어리석은 속임수이자, 불가능한 거짓 창조물에 불과할까? 그렇지 않다. 재카로프는 실제로 존재하기

펑크는 죽지 않았다!

바람맞은 새들! 왼쪽부터 부채머리수리, 붉은부채머리앵무, 검정관두루미

때문이다. 사진, 사냥 기념품 등 증거가 있다. 그렇지만 이게 어떻게 가능할까? 1993년 바이러스 연구학자 리처드 쇼프는 이 문제에 관심을 갖고 (산토끼가 아닌) 집토끼의 사체를 분석했는데, 실제로 머리에서 뿔 모양의 혹을 발견했다. 이 '뿔'은 자궁경부암을 일으키는 것과 같은 과의 유두종 바이러스 때문에 생겨난 일종의 사마귀로 밝혀졌다. 게다가 집토끼에게 뿔이 생겨나게 하는 바이러스에 상응하는, 인간에게도 전염 가능한 유두종 바이러스가 존재하며, 뿔이 난 인간 역시 분명히 존재한다. 또 한 번 현실이 소설을 능가하는 순간이다!

살아 있는 대걸레를 닮았고, 깃털이 사방으로 뻗쳐 있는 새처럼 묘사된 보로고브의 경우에도, 상당히 유사한 실제 모델이 몇몇 존재한다. (우리도 나쁘게 묘사하진 않았지만, 사실 대걸레도 아주 우아할 수

다양한 외형을 취할 수 있는 카구(깃털을 헝클이기 전과 후)

있다.) 바람에 헝클어진 머리 깃털을 떠올린다면, 인상적인 발톱을 가진 부채머리수리*Harpia harpyja*, 선명한 색이 특징인 붉은부채머리앵무*Deroptyus accipitrinus*를 꼽을 수 있다. 남아메리카가 원산지인 이 수리와 앵무는 깃털을 곤두세울 수 있는데, 호주가 원산지인 목도리도마뱀*Chlamydosaurus kingii*처럼 종종 목 주변의 깃털을 아래로 내리기도 한다. 날씬하고 우아한 검정관두루미*Balearica pavonina*는 밝은색 깃털로 된 일종의 장식술이 머리에 항상 곧게 뻗어 있는데, 깃털 먼지떨이를 생각나게 한다.

그러나 보로고브의 묘사에 가장 잘 맞는 후보는 밝은 회색빛의 기이한 새이자 뉴칼레도니아 고유종이며, 모습이 약간 왜가리를 닮은 카구*Rhynochetos jubatus*다. 보통 크기의 날개를 가졌지만 날지는 못한다. 그래

왼쪽은 바비루사, 오른쪽은 바비루사의 아프리카 사촌 강멧돼지속

서 섬에 개와 같은 포식자들이 나타났을 때 매우 취약하다. 하지만 카구는 위험이 닥쳤을 때, 날개를 크게 펼치고 머리 위의 깃털을 바짝 세우면서 위협적인 자세를 취한다. 기이한 겉모습 외에도, 이 새는 독창적인 사회생활을 하는 특징이 있다. 암컷 한 마리가 여러 마리의 수컷(대부분 형제들)과 정착해 살면서 모두 함께 새끼를 기른다. 카구는 훌륭한 연기자이기도 한데, 날개 하나가 부러진 모습을 흉내 내며 포식자를 유인해, 새끼들로부터 멀리 떨어뜨린다. 놀라운 새이다.

기이한 동물 집단의 마지막 주인공인 '몸 래스'는 훨씬 더 불가사의하다. 우리는 초록색 야생 돼지에 대해 아는 바가 없다. 비록 돼지가 무척 좋아하는 진흙 목욕(침으로 찌르는 곤충으로부터 돼지를 보호함) 덕분에 다양한 몸 색깔을 얻을 수 있지만 말이다. 돼지, 페커리, 혹멧돼지, 멧돼지를 포함하는 멧돼짓과 동물 중에 루이스 캐럴의 이야기에 등장할 만한 동물이 몇몇 있기는 하다. 그 가운데서도 가장 놀라운 외형을 가진 주인공은 단연 바비루사*Babyrousa babyrussa*이다. 인도네시아의 몇몇 섬에만 서식하는 털이 거의 없는 야생 돼지인데, 수컷은 큼지막한 두 쌍의 상아(실제로는 송곳니임)를 드러내고 있다. 첫 번째 상아는 입 안에서 나오고, 두 번째 상아는 주둥이 부분 가죽을 뚫고 나온다. 간혹 두 번째 상아 두 개가 뒤로 너무 심하게 구부러져서 두개골에 손상을 입히기도 한다.

멧돼짓과 중에서 가장 다채로운 동물은 바로 덤불멧돼지*Potamochoerus porcus*로, 사하라 이남 아프리카의 숲속에서 무리를 지어 산다. 털은 선명한 적갈색이고, 척추를 따라 흰색 털이 한 줄로 나 있다. 귀 역시 나머지 털과 대비되는 긴 흰색 털 뭉치로 꾸며 있다. '몸 래스'처럼 녹색은 아니지만 멀리서도 알아볼 수 있는 특별한 색을 가졌다.

시의 나머지 구절에는 세 가지 동물이 언급되는데, 이들은 평화로운 키마이라[3]보다 훨씬 더 무시무시하다.

재버워크를 조심해라, 아들아!
물어뜯는 턱, 덥석 붙잡는 발톱!
접접새를 조심해라, 그리고 피해라
열노한 밴더스내치를!

이 시를 번역하는 것은 무척이나 까다롭고 어렵다. 그래서 여러 번역본이 존재한다는 사실은 참 흥미롭다. 팀 버튼이 작품을 영화화하면서 '재버워크', '접접새', '밴더스내치'를 영화에 등장시킨 덕분에, 미국

3 그리스 신화에 나오는 기이한 짐승. 머리는 사자, 몸통은 양, 꼬리는 뱀 또는 용의 모양을 하고 있으며 불을 내뿜는다고 한다.

왼쪽은 카라카라, 오른쪽은 뱀을 먹고 있는 비서새

식 이름이 사람들의 머릿속에 자리하게 됐다.

그러나 꽤 놀랍게도, 이 '접접새'에 대한 자세한 정보는 루이스 캐럴의 다른 작품 『스나크 사냥』에 나와 있다. 다양한 특징을 가진 한 무리의 사람들이 지금껏 아무도 본 적 없는 전설의 동물인 신비한 스나크를 찾아 배에 오른다. 무리 가운데 여럿은 이 끔찍한 날짐승을 한번 언급하는 것만으로도 겁이 나 울부짖고, 나중에 "분필로 칠판을 긁는" 소리와 비슷한 새의 울음소리를 듣자, 일행 중 가장 용감한 두 인물 역시 두려움에 몸을 떤다. 비버는 얼굴이 창백해지고, 정육점 주인은 주눅이 든다.

팀 버튼의 〈이상한 나라의 앨리스〉에서, 날카로운 소리를 내는 무시무시한 새는 위협처럼 그려진다. 하트 여왕의 반려동물이자 공모자인 이 새는 트위들디와 트위들덤 등 앨리스와 함께 하는 이들을 납치하기도 한다. 기다란 목, 날카로운 이빨이 달린 부리와 볏이 있는 머리에 맹금류의 모습을 한 붉은색과 흰색의 이 동물은 남아메리카에 서식하는 카라카라*Caracara plancus*를 연상시킨다. 다리가 긴 카라카라 역시 볏을 가졌고, 접접새와 비슷하게 가슴에 무늬가 있다. 맹금류로는 흔치 않은 긴 목은 비서새라고도 불리는 뱀잡이수리*Sagittarius serpentarius*를 떠올리게 한다. 기이한 아프리카 새인 뱀잡이수리 역시 머리에 깃털 왕관이 있고, 학이나 두루미 같은 섭금류처럼 다리가 매우 길며 덤불 속에서 뱀을 사냥한다.

밴더스내치 역시 재버워키 시에서는 짤막하게 언급되지만 『스나크 사냥』에 다시 등장한다. 등장인물 중 한 명인 은행가는 밴더스내치에게 잡히기 직전 목숨을 살려주는 대가로 수표를 주겠다고 제안한다. 루이스 캐럴의 다른 작품과 마찬가지로, 밴더스내치에 대한 묘사는 나와 있지 않고 삽화가들이 이 동물에 생명을 불어넣었다.

이 작품의 첫 번째 삽화가인 헨리 홀리데이는 1876년, 아주 교묘하게 이 동물을 숨겼고, 1958년에 그림을 그린 머빈 피크는 새의 형태로 밴더스내치를 표현했는데, 이 새는 팀 버튼의 접접새와 상당히 닮았다. 최근 2016년에는 크리스 리델이, 배가 붉은색이고 발은 노란색이며 맹금류의 발톱을 가진 악어의 형태를 한 밴더스내치를 그리기도 했다. 팀 버튼의 영화에서는 불도그와 거대 고양이, 곰을 **교잡**한 듯한 큰 몸집에, 검정 무늬가 있는 흰색 동물로 표현했다. 밴더스내치 역시 하트 여왕의 신하였지만, 앨리스가 겨울잠쥐와의 싸움에서 잃어버린 눈 하나를 찾아주

『거울 나라의 앨리스』 초판본에 존 테니얼이 그린 재버워크

자 앨리스를 감옥에서 도망칠 수 있게 도와준다.

마지막으로 재버워크는 시에서 가장 큰 위협으로 그려진다. 성 게오르기우스가 용을 물리치듯, 이름 없는 영웅이 물리쳐야 하는 괴물이다. 시는 마치 아무 일도 없었던 것처럼, 동물의 참수와 그 과정을 따라가는 삶으로 끝이 난다.(첫 번째 연과 마지막 연은 엄격하게 동일하다.) 이글거리는 눈을 가졌다는 사실 외에는 재버워크를 떠올려볼 만한 그 어떤 명확한 설명도 없다.

존 테니얼은 『거울 나라의 앨리스』 초판본에 이 괴물을 그렸다. 아주 커다란 목, 비버 같은 설치류의 앞니, 큰 박쥐 날개, 머리 위에 더듬이 같은 것 두 개, 입을 따라 내려오는 두 개의 감각모를 지닌 일종의 파충류의 모습이다. 비늘로 덮인 몸이지만 단추 달린 정장 상의를 잘 갖춰입고, 발목부터 무릎까지 띠를 둘렀다. 존 테니얼이 그린 이 그림이 작품의 표지에 쓰일 예정이었으나, 주위의 어머니 30여 명에게 의견을 구한 결과, 재버워크가 너무 무섭다는 의견이 많아 결국은 앨리스와 하얀 기사의 그림만 표지에 남게 됐다. 팀 버튼의 영화에서 괴물은 존 테니얼의 삽화와 많이 닮았지만 날개에 발톱이 더해졌고 이빨도 훨씬 날카로워졌다. 게다가 영화에서는 괴물의 이름이 '재버워크'(동물의 실제 이름)가 아닌 '재버워키'(시의 제목)가 됐다.

어두컴컴하게 우거진 숲속의 이상한 주민들

디즈니에서 각색한 애니메이션(1951)에서 앨리스는 시에 등장하는 '어두컴컴하게 우거진 숲속'에서 여러 차례 모험을 한다. 이곳은 '교차로'이자 경유지로서, 모든 나무에 사방을 가리키는 표지판이 붙어 있다. 이 숲은 앨리스가 처음으로 체셔 고양이를 만난 곳이고, 자기도 모르게 '재버워키'의 첫 번째 연을 읊고 있다가 놀란 곳이기도 하다.

여러 가지 사건을 겪은 뒤 앨리스는 숲으로 왔다가 길을 잃는다. 그리고 이 숲에서 '몸 래스'를 만나는데 애니메이션에서는 육지에 사는 말미잘로 표현했다. 두 발이 달렸고, 머리 윗부분에는 촉수 무더기가 깃털처럼 있는데, 이들은 서로 모여 화살표 모양을 만든 뒤 앨리스에게 길을 알려준다. 앨리스가 만난 또 다른 등장인물은 완전히 새로운 존재들로 동물(주로 새)과 물건이 혼합된 안경-새, 거울-새, 경적-오리, 우산-독수리, 삽-새, 아코디언-부엉이, 빗자루-개, 북-개구리, 심벌즈-개구리 등이 있다. 이토록 기이한 동물을 실제로 발견할 수 없을 것으로 생각하는가? 과연 그럴지 내기해보자!

'안경'을 쓴 동물들은 찾기 쉬운 편이다. 사실, 동물의 눈 주위에 반점이나 무늬가 있으면 그 동물 이름에는 '안경'이 들어간다. 조류만 하더라도 아주 작은 새부터 큰 새까지, 평범한 새에서 이국적인 새까지 안경을 쓴 새는 열 종류가 넘는다. 호주사다새*Pelecanus conspicillatus*, 안경올빼미*Pulsatrix perspicillata*, 안경 쓴 모습의 지빠귀 투르두스 누디제니스 *Turdus nudigenis*, 안경솜털오리*Somateria fischeri*, 노란 안경을 쓴 것 같은 풍금조 클로로트라우피스 올리바체아*Chlorothraupis olivacea*…. 눈 주위에 하얀 표시가 있는 안경곰*Tremarctos ornatus*, 늘어진 가죽 때문에 코안경을 쓴 듯 보이는 안경카이만*Caiman crocodilus*, 곡선으로 연결된 두 개의 흰색 원형 무늬에 검정 테두리가 있어 안경을 연상시키는 인도코브라*Naja naja*도 있다.

삽 모양 부리를 가진 새에 대해서도 완벽한 모델이 있는데, 보로고브가 그렇게 걱정스러운 모습이 아니었더라면 보로고브를 나타낼 수도 있었을 새다. 바로 넓적부리황새*Balaeniceps rex*다. 회색빛 깃털에 큰 다리를 가진 이 새는 아프리카의 습지에서 볼 수 있는데, 매우 독특한 부리 때문에 쉽게 구분할 수 있다. 넓적부리황새는 부리를 이용해 물고기, 개구리와 다른 미끄러운 먹이를 잡는데, 갈고리 모양의 부리 끝부분 덕분에 먹

19세기 이탈리아 백과사전에 소개된 넓적부리황새 한 쌍. 그림 앞쪽

그것은 절대로 나무의 시원하고 쾌적한 그늘이 아니었다….

이가 도망치지 못한다. 영어로는 '슈빌(shoebill, 신발-부리)'이라고 불리는 이 넓적부리황새의 여러 이름은 신발이나 나막신, 가죽 슬리퍼 등과 관계가 있다. 그렇지만 신발로 착각하면 안 된다. 이 새는 삽을 닮기도 했으니까.

놀랍지만 실제로 우산새도 존재한다. 단어 그대로 '우산-새(Umbrella birds)'라고 불리는 검정 새로, 아마존 우림에서 발견할 수 있는 장식새과 세 종류를 가리킨다. 이 새들은 아주 독특한 볏을 가지고 있는데, 포마드를 발라 뒤로 넘긴 엘비스 프레슬리의 머리와 높이 올린 바가지 머리가 섞인 듯한 모양이다. 그중에서도 가장 독특한 새는, 재미있는 머리 스타일 외에 목 아래에 (약간 칠면조처럼) 35cm에 달하는 아주 긴 볏이 달린 긴망태우산새*Cephalopterus penduliger*다.

이름에 '우산'이 들어가지 않지만, 행동으로 우산을 흉내 내는 새도 있다. 바로 검은해오라기*Egretta ardesiaca*라는 아프리카의 검정 새로, 새끼왜가리를 닮았고, 목이 길고 수생환경에서 살아간다. 검은해오라기는 부리를 이용해서 작은 물고기들을 잡는데, 자신만의 기술을 사용한다. 날개를 벌리고 구부려서 우산 모양을 만든 다음 그 안에 머리를 집어넣는 것이다. 이렇게 하면 자기 몸 주변에 그림자가 생겨 시원한 곳을 찾는 물고기를 유인할 수 있다. 그러고 나서 그림자 안으로 모여든 물고기를 잡기만 하면 된다. 20세기 초부터 관찰된 이 방법은 캐노피 피딩(canopy feeding)이라 불린다. 이 새는 마치 물 위로 나뭇가지가 우거진 듯한 효과를 만든다. 해오라기는 종종 무리지어 먹이를 먹기도 하는데, 많은 새가 나란히 붙어서 같은 의식을 행하면, 물고기들은 숲 한가운데에 와 있는 듯한 착각에 빠진다.

물건 이름을 가진 동물이나 일상에서 쓰이는 도구를 흉내 내는 동물에 관해 할 이야기는 아직도 많지만, 여기서 지체할 수는 없다. 윙윙대고 찌르르거리는 소리가 들리지 않는가? 저 옆에 있는 정원에서 곤충들이 내는 소리가 틀림없다. 어서 가보자.

4
거울 나라의 곤충들

"(…) 그럼 너는 곤충을 다 싫어하니?"

지구에 사는 곤충은 크기와 역할 때문에 눈에 잘 띄지 않지만, 루이스 캐럴의 세계에서는 곤충의 존재감이 아주 크다. 애벌레는 앨리스와 만났을 때 키가 앨리스와 똑같았고(7㎝), 이후 앨리스가 마주친 곤충은 몸이 훨씬 더 컸다. 꿀벌-코끼리가 어떤 종류에 속하는지(곤충인지 포유류인지?) 확실히 알지는 못하지만, 각다귀는 "대략 닭의 크기이고", 작가가 삭제한 챕터에 나오는 말벌은 가발을 쓰고 있을 뿐만 아니라 남자 노인의 키와 매너를 갖췄다. 곤충은 대체로 앨리스에게 호의적인 모습을 보이지만 앨리스는 곤충을 그다지 좋아하지 않는다. 앨리스는 *"곤충을 안다고 해서, 내가 행복해지지는 않아 (…) 특히 큰 곤충들은 오히려… 날 무섭게 하지."*라고 그 이유를 말한다.

그래도 우리가 먹는 열매와 씨앗이 잘 자라나는 건 곤충 덕분이다. 몇몇 식물은 매개체를 통해 번식하기 때문이다. 식물과 수분 매개 곤충의 너무도 특별한 관계가, 우리가 감상하는 꽃의 색과 형태 그리고 향기가 다채로워질 수 있는 이유 중에 하나다. 곤충은 유기물(동물의 배설물, 죽은 나무…)의 순환에도 참여하고, 먹이사슬에서도 중요한 요소다.

결과적으로, 곤충은 생태계의 올바른 기능을 위해 없어서는 안 될 존재이다. 그렇다, 곤충은 우리 친구다. 형태도 색깔도 다양한 약 100만 종의 곤충 가운데 앨리스의 마음에 들 곤충이 하나쯤은 있을 것이다. 그러니 어서 버섯을 한입 베어먹고, 이 매혹적인 존재들을 좀 더 가까이에서 관찰하러 가보자!

곤충이란 무엇일까?

우리는 무의식적으로 다리가 여섯 개 있으면 곤충이라고 생각한다. 하지만 다리가 여섯 달린 모든 동물이 곤충은 아니다.(그렇다면 너무 단순할 테니까.)

처음부터 따져보자. 곤충은 동물계에 속하며, 곤충 안에서도 여러 개의 문(현재 36개의 문)으로 나뉜다. 곤충은 절지동물문에 속한다. 절지동물이란 몸이 여러 부분으로 나뉘고, 골격이 외부에 있는(흔히 '갑각'이라 부른다.) 동물을 말한다. 앞에서 이미 이야기했듯이 곤충이 성장하려면 허물을 벗어야 한다. 절지동물문에는 갑각류, 거미류, 다족류가 있다.

세상에 알려진 동물의 80% 이상을 차지하는(곤충의 숫자가 엄청나게 많기 때문) 절지동물문에는 가장 많은 생물종이 포함된다. 절지동물문의 아문[4]은 다리가 여섯 개인 육각류인데 곤충뿐 아니라 톡토기, 낫발이, 좀붙이도 여기에 속한다. 이 세 종류는 구기[5]의 위치로 구별된다. 머리 아래 위치한 주머니에 구기가 들어 있는 다른 무리와 달리, 곤충의 구기는 바깥에 있다. 요약하자면, 곤충은 외골격을 가졌고, 머리,

4 동식물 및 미생물 분류의 한 단계. 문(門)의 아래이고 강(綱)의 위

5 口器. 절지동물의 입 부분을 구성하여 섭식(攝食)이나 저작(咀嚼)에 관계하는 기관을 통틀어 이르는 말

흉부, 복부 세 부분으로 몸이 나뉘어 있다. 세 쌍의 다리와 날개가 있는 경우 날개가 흉부에 위치한다. 구기는 머리 바깥에 있고, 곤충의 먹이 습관에 알맞게 맞춰져 있다. 한 가지 특이한 점은, 곤충은 입이나 코를 통해 숨을 쉬지 않고, 폐도 없다는 사실이다. '기문'이라 불리는 작은 구멍으로 공기가 들어가고 기관 시스템을 통해 몸 안을 돌아다닌다.

곤충은 상당히 다양하게 변화해왔다. 모든 환경(육상과 수상)과 기후에 적응해, 사막에도 곤충이 존재하고(개미와 딱정벌레), 춥고 눈덮인 지역에도 산다. 스노우플라이*Chionea valga*는 평균 온도가 영하 5℃인 얼어붙은 땅과 땅에 쌓인 눈 사이에 살고, 남극깔따구*Belgica antarctica*는 이름이 가리키듯 남극의 고유종이다. 또 다른 극단적인 예로, 지구에서 가장 큰 곤충은 2014년 발견된 중국대벌레*Phryganistria chinensis Zhao*로 다리를 폈을 때 길이가 62.4cm에 이른다.

크기가 가장 작은 곤충은 마이크로총채벌*Dicopomorpha echmepterygis*이라 불리는 기생벌 수컷으로 크기가 130마이크로미터 정도여서 어떤 아메바들보다도 작다. 반면 가장 무거운 곤충을 찾는 일은 조금 어렵다. 자이언트 웨타*Deinacrida sp.*는 약 70g이고, 골리앗풍뎅이*Goliathus goliatus*와 악타이온코끼리장수풍뎅이*Megasoma actaeon* 등의 딱정벌레목은 100g 정도이다.(악타이온코끼리장수풍뎅이의 유충 가운데 무게가 228g인 개체도 발견된 적이 있다. 참고로 흰 생쥐 무게가 약 20g이다.)

일부 곤충은 이상한 나라에서도 매우 잘 살아갈 수 있을 만큼 아주 신기한 생김새를 하고 있다. 뿔매미과의 곤충은 미친 모자 장수에게

황금거북딱정벌레가 기린바구미, 대눈파리, 브라질뿔매미, 크리토노토스 갠지스나방 앞에서 쇼를 하고 있다.

머리 손질을 받은 것처럼 보이기도 한다. 이런 돌기는 흉부가 확장된 것으로, 가시, 새의 배설물, 나뭇잎, 심지어는 말벌이나 개미 같은 다른 곤충과 닮아 보이게 만든다.(헬리콥터를 닮은 브라질뿔매미*Bocydium globulare*는 인기가 많다.) 기린바구미*Trachelophorus giraffa*도 과하게 큰 목을 갖고 있고, 대눈파리과의 파리는 멀리 떨어진 긴 돌기들의 양쪽에 눈이 있다. 크리토노토스 갠지스나방*Creatonotos gangis*의 수컷은 복부에 후각 기관이 있는데, 이 기관이 부풀어오르면, 아주 무서운 모습이 된다.

황금거북딱정벌레*Charidotella sexpunctata*처럼 날아다니는 보석 같은 모습을 한 곤충도 있다. 신기한 모습을 한 곤충이 너무 많아서 모두 언급할 수는 없지만, 만약 이런 기상천외한 곤충에 관심이 생긴다면, 모방하는 곤충의 영상도 찾아보길 바란다. 정말 대단한 곤충이니까. 이제, 앨리스가 만난 곤충을 좀 더 가까이에서 살펴보자.

골초 애벌레

앨리스가 애벌레를 만났을 때, 애벌레는 버섯 꼭대기에서 가만히 물담배를 피우고 있었다. 그런데 '입'으로 숨쉬지 않는 곤충이 어떻게 담배를 피울 수 있을까? 물담배 끝부분을 기문 안에다 넣어야 가능한 일인데, 이런 장면을 그림으로 그린다면 너무 괴상할 것 같다.

그림 이야기가 나와서 말인데, 애벌레 그림은 실제보다 팔다리가 너무 많게 표현되는 경향이 있다. 애벌레는 곧 나비가 될 몸이라 다른 곤충처럼 다리가 6개뿐이다. 애벌레의 몸 가운데, 복부에 있어 사람들이 다리라고 생각하는 것은 사실 가짜 다리다. 그 수는 각기 다르지만 작은 돌기 형태로 갈고리나 빨판을 갖추고 있어서 어딘가에 매달리거나 움직이기 쉽게 해준다. 진짜 다리는 몸의 앞쪽, 머리 바로 다음에 있다.

'앨리스' 책에서는 애벌레 생김새에 관해 이렇다 할 만한 묘사가 없고, 푸른색이라는 정도만 나온다. 디즈니 애니메이션이나 팀 버튼의 영화 등 각색된 작품에서야 색이 입혀진 모습이다. 팀 버튼의 영화에서는 '압솔렘'이라는 이름까지 생겼는데, 'the Caterpillar'('애벌레'라는 뜻)라는 일반 명칭만 등장하는 원작과 완전 다르다.

그런데 자연에서 실제로 이런 색깔을 갖는 게 가능할까? 정답은, 그렇다! 사실 애벌레는 꽤 선명한 색깔을 가지고 있다. 헤테로캄파 움브라타*Heterocampa umbrata*의 애벌레는 분홍색과 보라색이고, 비교적 많이 볼 수 있는 아주 아름다운 노란색과 검은색을 가진 산호랑나비*Papilio machaon*의 애벌레는 성장 맨 마지막 단계에 초록색, 주황색, 검은색으로 몸을 치장한다.

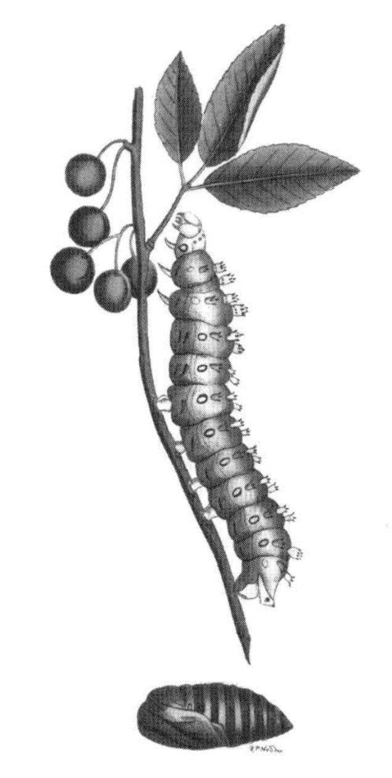

애벌레 그림. 머리 가까이에 진짜 다리가 있고, 배 부분에 가짜 다리가 있는 것을 볼 수 있다.

애벌레의 색깔은 성장과정이나 서식환경에 따라 달라지기도 한다. 흐릿한 색의 애벌레에서 매우 선명한 색깔을 가진 나비가 나오기도 하고, 반대의 경우도 있다. 파랗고 노란 눈 모양이 있는 붉은색의 화려한 공작나비*Aglais io*가 이런 경우인데, 애벌레는 검은색 몸에 뾰족하고 단단한 털이 가시처럼 솟아나 있다. 파란색 애벌레의 사례는 프랑스에서 찾아볼 수 있는데, 딜로바 세룰레오세팔라*Diloba caeruleocephala* 나방의 애벌레는 성장단계에서 청회색을 띠며 노란 줄무늬와 검은색 작은 가시가 나타난다. 더 놀라운 애벌레들은, (북아메리카에서 가장 큰 나방인) 산누에나방과의 세크로피아나방*Hyalophora cecropia*과 길이가 15cm에 달하는 리갈나방*Citheronia regalis*이다. 이들은 마지막 성장단계에 청록빛을 띠며, 색깔 있는 뿔이나 공 같은 예쁜 돌기가 있어 재미있는 모습을 만든다.

세크로피아나방의 애벌레와 나방

비단과 고치

누에나방은 중국에서 유래한 솜털이 난 흰색 나방이다. 누에나방도 서양꿀벌*Apis mellifera*처럼 인간이 인위적으로 선택해서 집에서 기르는 생물종이고, 야생 상태로는 존재하지 않는다. 허물벗기 횟수, 성장기간, 뽑아내는 명주실의 양 등 몇몇 특징에 따라 여러 품종으로 나눌 수 있다. 최고의 명주실을 얻기 위해 여러 차례 교잡을 거쳤는데, 그 결과 누에나방 암컷은 날 수 없게 됐다.

비단은 중국 상나라(기원전 17~11세기) 시대 때부터 의복에 쓰인 것으로 추정된다. 양잠업(방직공업을 위한 사육)의 비밀은 천 년 이상 엄격히 지켜지다가, 아시아로 퍼져나갔고 이후 비잔티움 제국, 페르시아, 유럽에 알려졌다. 프랑스에서는 11세기가 되어서야, 나방 서식에 적합한 온화한 기후를 가진 남쪽 지역에서 확산했다. 브장송 출신 엔지니어 일레르 샤르도네가 19세기 말 인조견사의 원료인 비스코스를 발명하며 양잠업은 사양길에 접어들었다.

누에는 완전한 변태를 겪는 완전변태 곤충이다. 누에의 알은 품종에 따라 각기 다른 방식으로 성장한다. 알에서 나온 애벌레는 네 번 연속해서 허물벗기 이후 한 달 만에 자신이 자랄 수 있는 최대 크기까지 자라고, 그다음에는 진정한 혁명이 이뤄진다. 게으른 대식가인 누에는 먹는 것을 멈추고 높은 곳으로 올라가기 위해 이동한다. 바로 이때부터 고치를 짓기 시작한다. 몸 양쪽에 있는 두 개의 실샘 덕분에 누에는 끊어지지 않는 단 한 줄의 실을 짜는데, 고치에서 풀려나오는 실의 길이는 품종에 따라 300~1,500m에 이른다. 고치를 지은 지

3~4일 정도 뒤 누에는 번데기로 변하고, 고치를 짓고 15일이 지나면 나방이 고치를 뚫고 나온다. 그 이후에는 명주실을 얻을 수 없는데, 고치에서 실이 더는 풀리지 않기 때문이다. 그래서 양잠업자들이 나방이 고치에서 나오기 전에 번데기를 질식시킨다. 누에가 되는 일은 정말 쉽지 않다.

나방이 되어서도 삶은 녹록지 않다. 입이 없어서 몸에 축적된 양분으로만 약 2주 정도 살 수 있기 때문이다. 앨리스가 마주친 애벌레가 누에였다면, 그는 수연통의 연기와 함께 자신의 실존과 관련한 문제도 날려보내고 있었을 것이다!

곤충의 변태 과정을 연구한 독일의 자연 과학자이자 예술가인 마리아 지빌라 메리안의 〈누에 연구〉(1679)

이제 거울을 통과해서, 인간들이 많이 이용한 또 다른 곤충을 만나러 가보자.

수다쟁이 각다귀

거울 나라에서, 언덕을 내려온 앨리스는 체스판 위에서 칸을 이동하기 위해 기차를 타고, 귓가에 속삭이는 작은 목소리를 듣게 된다. 앨리스는 나중에야 목소리의 주인공이, 크기는 닭에 버금가고 말장난을 좋아하는 아주 놀라운 각다귀라는 것을 알아차린다. '각다귀'는 파리목에 속하는 작은 곤충 즉, 날벌레를 일컫는 용어다. 파리목에는 다양한 종류의 날벌레가 속해 있기 때문에 앨리스가 만난 각다귀가 어느 종인지 명확히 구분하기는 어렵다. 그래도 앨리스가 알고 있는 곤충 이름을 말할 때, 그 곤충과 비슷한 거울 나라의 곤충에 대해 대답하는 것을 보면 각다귀가 어느 정도의 과학 지식을 가진 듯하다. 그래서 아마도 각다귀는 여름과 가을에 부엌에서 아주 많이 보이는 초파리과의 곤충일 수도 있다.

초파리과의 한 종류인 노랑초파리*Drosophila melanogaster*는 연구실에서 아주 활발히 쓰이다 보니 어떤 사람들은 노랑초파리가 가축화된 곤충이라고까지 생각한다. 노랑초파리가 표본 생물로 선택된 이유는 기르기 쉽고, 크기가 아주 작아서 넓은 사육공간이 필요하지 않기 때문이다. 또한 암컷과 수컷을 구분하기가 쉽고 번식력이 강하다. 게다가 초파리의 번식기간은 짧고(25℃에서 15일), 염색체가 네 쌍뿐이라 **유전자** 연구에 완벽하다.

20세기 초 유전학 연구를 위한 동물 유기체를 찾던 미국의 생물학자

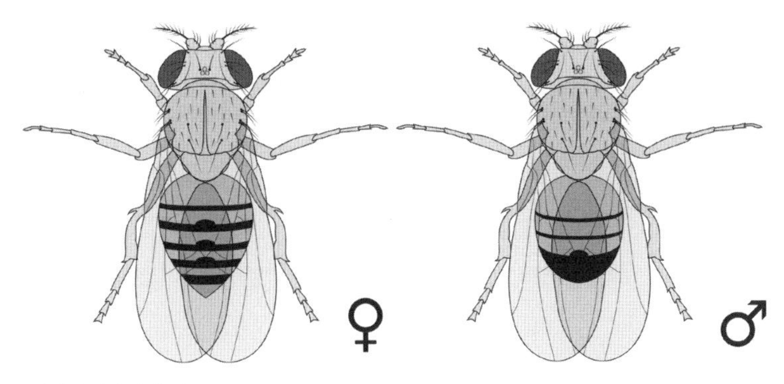

초파리의 암컷과 수컷

토머스 모건과 함께 초파리의 유명세는 시작됐다. 이후 초파리에 관한 연구가 집중됐고, 초파리는 유전학 분야에서 가장 많이 이용되고 가장 많이 알려진 생물종이 됐다. 또한, 초파리의 일부 생물학적 과정은 다른 여러 생물종과 유사해, 이 작은 파리에게서 발견한 내용이 인간을 포함한 다른 종의 연구에 쓰일 수 있다. 초파리의 행동에 관한 연구도 시작됐는데, 이를 통해 몇몇 중독 현상을 이해하거나, 파트너 선택 모방 같은, 여러 종에서 공통으로 나타나는 행동의 이유를 밝힐 수 있게 됐다.

똑똑한 각다귀는 앨리스가 이름을 댈 수 있는 곤충과 비슷한 거울 나라의 곤충을 앨리스에게 소개한다. 사실 이 부분은 말장난으로 이뤄져 있어서 번역이 어렵다. 번역가는 선택에 따라 책에 실린 그림에 맞추기 위해 언급된 '생물종'을 그대로 유지하거나, 말장난을 살리는 대신 동물을 바꾸기도 했는데, 프랑스판에서는 후자를 택했다. 어떤 책이나 영화에서 '흔들목마파리'나 '버터빵나비'의 그림을 보고 의아했다면 바로 이런 이유 때문이다.

이제 번역본에 따른 각 생물의 두 가지 버전에 관심을 기울여보자. 앨리스가 처음으로 언급한 동물은 '말파리(영어로는 horse-fly)', 파리목 등엣과의 곤충이다. 이 곤충은 암컷이 번식을 위해 피를 영양분으로 삼는다는 특징이 있고, 물리면 아파서 사람들이 싫어한다. 거울 나라에서 이 곤충은 프랑스어로는 '미를리타옹mirli-taon'이라 번역했지만, 영어로는 '흔들목마파리'라는 뜻의 로킹 호스 플라이rocking-horse-fly다. 우리가 사는 세상에 날 수 있는 작은 흔들목마는 없지만(있었다면 꽤 귀여웠을 텐데 아쉽다.), 비슷한 곤충이 하나 있다.

바로, 메뚜기의 한 종류인 프세우도프로스코피아 스카브라*Pseudoproscopia scabra*이다. 남아메리카에 서식하며 흔히 '말머리방아깨비'라 불린다. 몸통이 나뭇가지와 비슷해서 마치 나무로 만들어진 곤충일 것 같은 착각이 들 정도다. 프랑스어로 번역한 '미를리타옹'은 약간 좀 복잡하다. 미를리통(mirliton)이라는 단어는 케이크, 철도 신호, 두건, 식물이나 악기까지 아주 다양한 것을 의미하지만, 프랑스어 번역본에서는, 속이 텅 빈 나무 조각에 작은 진동막을 덧붙여 사용할 때 목소리가 변하게 만드는 '악기'의 의미로 쓰였다. 과거 이 악기의 튜브 부분에는 종이띠를 감았는데, 주로 형편없는 시가 적힌 종이를 사용했다. 미를리타옹이 '알아보기 힘든 글씨'와 '반쯤 어리석은 시구'를 먹고 사는 게 바로 이런 이유 때문이다.[6]

말머리방아깨비도 음악을 한다. 주로 번식기에 노래를 부르는데,

(초파리처럼) 날개를 진동시키거나, (메뚜기나 귀뚜라미처럼) 양 날개를 서로 문지르는 등 다양한 전략을 써서 소리를 낸다. (여치처럼) 다리의 셋째 마디를 날개에 비비거나 (딱정벌레목 곤충들처럼) 몸의 다른 부분을 문질러서 소리를 낼 수도 있다. 수컷 매미에게는 '심벌즈'라 불리는 두 개의 진동막으로 이루어진 특수한 기관이 있는데, 이 기관이 복부 근육에 연결돼 있어, 복부 근육이 수축되면서 진동막을 변형시킨다. 온도가 너무 낮으면 (보통 22℃ 이하), 진동막이 매우 뻣뻣해져서 변형이 어려워지고, 수컷은 노래를 멈춘다.

앨리스가 생각해낸 두 번째 동물은 잠자리 또는 실잠자리, 드래곤플라이(dragon-fly)다. 이 곤충은 잠자리목에 속하지만, 실잠자리는 실잠자리아목, 잠자리는 잠자리하목 등 각기 다른 하위분류에 속한다. 두 잠자리를 구별하는 아주 간단한 방법은, 잠자리가 잠시 어딘가에 머무를 때 날개를 살펴보는 것이다. 등 위로 날개를 접고 있으면 실잠자리이고, 양옆으로 날개를 펴면 잠자리이다. 프랑스어 번역본에서 실잠자리는 긴 머리와 새의 날개를 가진 키마이라로 변한다. 원작의 드래곤플라이는 몸은 플럼 푸딩(전통적으로 크리스마스에 먹는 케이크)으로 돼 있고, 날개는 호랑가시나무 이파리이며, 머리는 브랜디 안에서 불타는 건포도인 스냅드래곤플라이(snap-dragon-fly)가 된다. '스냅드

6 프랑스어로 '알아보기 힘든 글씨'를 뜻하는 '레뷔rébus'는 쓰레기를 뜻하는 '레뷔rébut'와 발음이 같고, '반쯤 어리석은 시구'를 뜻하는 '베르미소vers mis-sots'와 작은 벌레를 뜻하는 '베르미소vermisseau'의 발음이 같다.

래곤'은 16세기부터 유행했던 겨울 놀이로, 브랜디를 담은 그릇에 건포도를 담그고 불을 붙인 다음 불타고 있는 건포도를 잽싸게 꺼내는 놀이다. 앨리스는 이 동물에 대해 이런 감상을 한다.

"I wonder if that's the reason insects are so fond of flying into candles - because they want to turn into Snap-dragon-flies!"("그래서 곤충들이 그렇게 촛불로 날아드는 건가. 스냅드래곤플라이가 되고 싶어서 말이야!")

앨리스의 말처럼 빛에 이끌리는 곤충이 존재한다. 파리는 위쪽으로 가거나 더 밝은 공간으로 향한다. 과학자들은 야행성 곤충이 인공적인 불빛에 이끌리는 현상에 대해 여러 가설을 내놨지만 명확한 답을 얻지는 못했다. 반면에, 어떤 곤충이 적극적으로 산불을 찾는 이유가, 불에

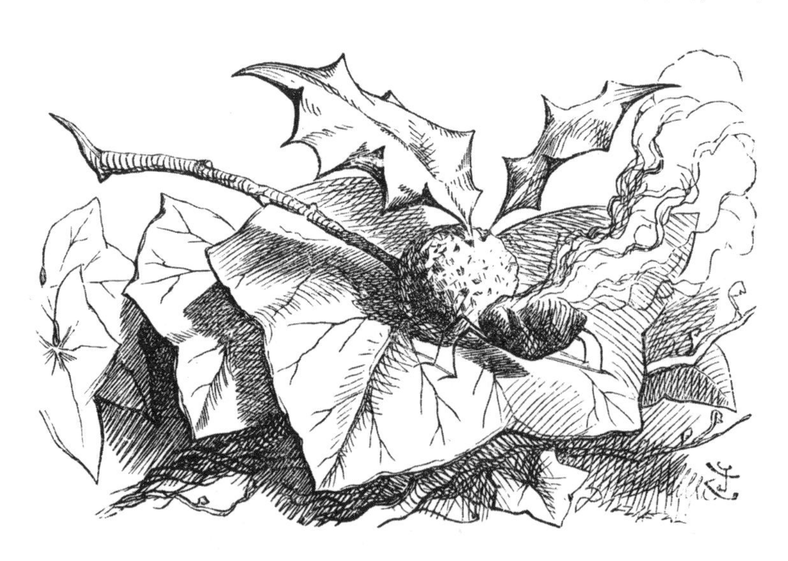

거울 나라의 스냅드래곤플라이

루나 나방

탄 나무 안에서 그들의 유충이 자라기 때문이라는 사실은 알려져 있다. 이른바 '피로필(Pyrophile)'이라 불리는 생물종이 불의 연기나 열기에 이끌린다. 일례로, '불풍뎅이'라 불리는 딱정벌레목 멜라노필라*Melanophila*속 곤충은 배에 특별한 적외선 수용체가 있다.

호주에 서식하는 또 다른 불풍뎅이인 메리므나 아트라타*Merimna atrata*를 연구한 마르셀 힌츠 연구팀은, 원적외선 수용체가 곤충에게 온도에 관한 정보를 주고, 너무 뜨거운 표면에 머무르지 않도록 해준다는 가설을 세웠다. 미크로사니아 오스트랄리스*Microsania australis*, 히포체리데스 네아르크티쿠스*Hypocerides nearcticus*, 아나바르인쿠스 히알리페니스*Anabarhynchus hyalipennis* 등과 같이 연기 냄새에 끌리는 파리와, 신텍시스 리보체드리*Syntexis libocedrii* 등의 말벌 또는 나방들 역시 불에 이끌린다.

마지막으로, 영어로는 버터플라이(butterfly)인 나비가 원작에서 버터-빵-파리(bread-and-butter-fly)가 된다. 버터 바른 빵 날개를 가진 나비를 아직까지 발견하지는 못했지만, 그래도 아주 매혹적인 나비들이 존재한다. 그레타 오토*Greta oto*는 투명한 날개를 가졌고, 가랑잎 나비*Kallima inachus*는 날개를 접으면 나뭇잎처럼 보인다.(날개를 펼치면 매우 아름다운 푸른색, 주황색, 검은색 빛을 띤다.) 나방들도 이에 뒤지지 않는다. 시아무소티마 아라네아*Siamusotima aranea* 나방은 날개를 펼쳤을 때 거미 모양을 연상시키는 무늬가 있고, 에우드리야스 우니오*Eudryas unio* 나방은 날개를 접으면 새똥처럼 보인다. 루나나방*Actias luna*과 스페인달나방*Graellsia isabellae*은 동화에서 막 나온 듯한 모습이다.

이 곤충들 그리고 곤충들의 이름과 학명은, 단어와 말장난을 너무나 좋아하는 각다귀의 마음에 들 것이 분명하다.(아래의 박스 내용 참조) 이제 곤충에 대해 더 많은 걸 알게 됐으니, 개울을 몇 개 뛰어넘어서 곤충의 사촌인 갑각류와 다른 바닷가 생물을 살펴보러 가자. 그들은 분명 카드리유 춤[7]을 추고 있을 것이다.

사물의 이름

이 세상에 사는 곤충과 곤충의 이름이 궁금해진 각다귀는 앨리스에게 묻는다.

"이름을 불러도 대답을 안 한다면, 이름이 있는 게 무슨 소용이지?" 각다귀가 물었다.

7 네 사람이 한 조가 되어 사방에서 서로 마주 보며 추는 프랑스 춤. 1편의 등장인물인 '바닷가재 카드리유'에 빗댄 표현

"곤충한테는 이름이 필요 없겠지만, 이름을 지어준 사람들은 편리하겠지. 안 그러면 이름을 왜 지었겠어?"

앨리스의 말이 틀리진 않다. 생물에게는 몇몇 학명이 좀 야만적일 수 있지만, 학명은 쓸모가 있고 때로는 꽤 익살스럽기도 하다.

잠시 명명법에 관해 이야기해보자. 과거에는 한 생물종에 이름을 붙일 때 보통명사나 그 생물을 설명하는 한 문장을 사용했다. 그래서 정확하게 파악하기 어려웠고 과학자들끼리 의논하기도 쉽지 않았다. 그러다 18세기, 스웨덴의 식물학자 린네가 속명과 그 종에 고유한 수식어를 더해서 생물종을 명명하는 분류법을 제안했다. 예를 들어, 앨리스는 사람속의 호모 사피엔스종이다. 하지만 이름을 부여하는 규칙이 명확하지 않았기에, 1843년 스트릭랜드 코드 그리고 1961년 만들어진 국제규약을 통해 재정비됐다. 이 규칙은 바꿀 수 없는 것이 아니라서 변경이 가능하다. 오늘날에는 국제규약을 펴내는 특수위원회에서 규칙을 관리한다.

본문을 읽으며 눈치챘겠지만, 종의 이름은 첫 글자가 대문자이고 이탤릭체로 쓴다. 역사적으로 라틴어로 쓰인 종의 이름은, 현재는 단어 어미에서만 희미하게 라틴어를 연상할 수 있는 경우가 많다. 또한, 종에 처음 이름을 붙이고 설명하는 사람은 자기 이름을 붙일 수 없다. 후대에 자기 이름을 남기려면, 동료에게 자신이 발견한 종을 서술하게 하거나, 성이 같은 가족 누군가에게 헌정해야 한다. 혹시라도 자신이 유명하지 않거나, 생물학자 친구가 없는 경우에는 돈을 내고 이름을 남길 수도 있다. '이름 경매'가 실제로 존재해, 경매를 통해 모은 돈으로 연구나 생물보존을 지원한다.

이름이 모두 허용되는 것도 아니다. 작은 갑각류를 지칭하려던 가마라칸투스키토데르모가마루스 로리카토바이칼렌시스*Gammaracanthuskytodermogammarus loricatobaicalensis*는 국제동물명명위원회에서 너무 길고 발음이 어렵다는 이유로 거절했다. 그리고 현재 가장 긴 이름을 가진 생물종은 말벌을 닮은 파리로 파라스트라티오스페코미야 스트라티오스페코미오이데스*Parastratiosphecomyia stratiosphecomyioides*라 불리고, 가장 짧은 이름은 중국 박쥐를 지칭하는 이아이오*Ia io* 이다.

많은 이름이 생물의 특징(색, 형태 등)이나 발견된 장소를 토대로 정해지지만, 과학자의 영감이 부족한 경우도 간혹 있다. 일례로, 1969년 스펜서라는 이름의 과학자는 새롭게 발견된 일곱 종의 파리에 오피오미야 프리마*Ophiomyia prima*, 오피오미야 세쿤다*O. secunda*, 오피오미야 테르티아*O. tertia*, 오피오미야 콰르타*O. quarta*, 오피오미야 퀸타*O. quinta*, 오피오미야 섹스타*O. sexta*, 오피오미야 셉티마*O. septima*라는 이름을 붙였다. (그날 과학자의 창의력이 조금 부족했던 듯하다.)

유명인이나 군주, 국가 원수에 경의를 표하는 이름도 있다. 예를 들어, 영국의 빅토리아 여왕(1819~1901)을 기리는 빅토리아 크루지아나*Victoria cruziana*와 빅토리아 아마조니카*Victoria amazonica* 수련(잎의 지름이 3m까지 이르는 가장 큰 수련)이 있고, 파피오페딜룸 빅토리아마리애*Paphiopedilum victoria-mariae*와 파피오페딜룸 빅토리아레지나*Paphiopedilum victoria-regina* 난초가 있다.

가장 최근에는, 버락 오바마 전 대통령과 도널드 트럼프 전 대통령에 대한 경의의 표시로 각각 아홉 종과 두 종의 이름이 지어졌다. 네오팔파 도날드트룸피*Neopalpa donaldtrumpi* (나방의 머리가 트럼프 전 대통령의 머리 스타일과 비슷해서), 데르모피스 도날드트룸피*Dermophis donaldtrumpi*(모래 속에 머리를 묻는 양서류 무족 영원동물로 기후변화에 관한 트럼프 전 대통령의 정책을 비판하고자 명명됐음) 등이다.

간혹 이름이 문제가 되는 경우도 있는데, 동굴에 사는 작은 딱정벌레목의 곤충이 1933년 아노프탈무스 히틀레리 *Anophthalmus hitleri* 라는 이름을 얻었다. (파시즘 신봉자들이 너무 많이 찾아서, 안타깝게도 위기종이 됐다.) 유명인에 연관된 다른 사례를 소개하자면, 스캅티아 베욘세애*Scaptia beyonceae*, 압토스티쿠스 앙젤리나졸리에애*Aptostichus angelinajolieae*, 치라노로가스 데파르디에이*Cyranorogas depardieui*, 모자르텔라 베토베니*Mozartella beethoveni*, 아넬로시무스 프라트케티*Anelosimus pratchetti*, 툰베르가 그레타*Thunberga greta* 정도가 있다.

과학자들이 이름을 선택할 때 유머러스한 면을 드러낼 때도 있다. 철자 순서를 뒤바꾸거나(라빌리미스 미라빌스*Rabilimis mirabills*), 똑바로 읽어도 거꾸로 읽어도 같게 만든다.(오리자부스 수바지로*Orizabus subaziro*) 또한, 딱정벌레과 곤충 아그라 바티온*Agra vation*과 아그라 카다브라*Agra cadabra*처럼 종의 이름이 하나의 단어가 되게 만들기도 하고, 비니 비디비치*Vini vidivici*(현재는 멸종된 앵무새)처럼 하나의 표현이 되거나, 풍뎅이과의 치클로체팔라 노다노데르우온*Cyclocephala nodanotherwon* (not another one)이나 말벌 헤르즈 루케나카*Heerz lukenatcha*, (here's lookin' at you)처럼 이름을 읽으면 그 발음이 어떤 문장이 되는 경우도 있다. 과학자들이 자신의 발견에 전혀 만족하지 않았다는 사실이 이름에서 드러나기도 한다. 인글로리우스 메디오크리스*Inglorius mediocris*[8] 나비나, 스카토제누스*Scatogenus*[9]속 콜론 렉툼*Colon rectum*[10] 등의 이름처럼 말이다. 〈반지의 제왕〉(골룸야픽스 스메아골*Gollumjapyx smeagol*, 마크로스티플루스 프로도*Macrostyphlus frodo*, 마크로스티플루스 간달프*Macrostyphlus gandalf*)나 〈해리포터 시리즈〉(에리오비시아 그리핀도리*Eriovixia gryffindori*, 하리플락스 세베루프*Harryplax severus*, 루시우스 말포이*Lusius malfoyi*)처럼 소설의 등장인물을 기념하는 경우도 있다.

『이상한 나라의 앨리스』를 참조한 이름은 놀랍게도 단 하나뿐이었는데, '나쭉나쭉 토브들'(영어로 slithy toves)의 이름을 본따서 지은 박테리아의 이름 루넬라 슬리티포르미스*Runella slithyformis*가 있다.

각다귀에게는 사물의 이름이 중요해 보이는데도, 앨리스와 많은 대화를 나누는 등장인물 가운데 이름을 가진 이는 아무도 없다. 애벌레나 흰토끼마저도 이름이 없다. 이름이 있

8 라틴어로 '불명예스럽고 보잘것없는'이라는 뜻

9 그리스어로 '스카토scato'는 대변, 라틴어로 '제누스genus'는 시초·기원이라는 뜻

10 결장, 직장이라는 뜻

는 유일한 존재는 아주 보조적인 인물인 도마뱀 빌이다. 그렇지만 어떤 동물의 이름을 알면 그 동물을 상상해보거나, 그들에 대해 배우고 두려움을 덜 기회가 된다. 이런 이유 때문에 이상한 나라와 거울 나라의 주민들에게는 이름이 없는 걸까? 그들의 예측 불가능하고 파악하기 어려운 특징을 드러내기 위해서?

인간이 아닌 동물에게 이름을 지어주는 것은 결코 가벼운 행동이 아니다. 사고방식이 변화하기까지 시간이 필요했지만, 오늘날 과학자들은 각 개체의 특성을 인정하고 있고, 연구자들도 더는 연구대상의 이름 짓는 걸 주저하지 않는다. 연구동물 작명의 선구자라 할 수 있는 영장류학자 이마니시 킨지는 일본마카크원숭이*Macaca fuscata*들 사이의 문화 계승을 연구했다. 1953년, 이마니시 킨지는 자신의 연구팀과 함께, 젊은 암컷 원숭이 이모(Imo, 일본어로 '고구마'라는 뜻)가 코시마섬 해변의 바닷물에 고구마를 씻어 먹은 뒤로 무리의 다른 모든 암컷이 이 행동을 따라 하는 모습을 관찰했다. (사물에 대해 아주 다른 시각을 가졌던 일본인들과 달리) 인간을 다른 동물과 같은 범주로 생각하는 것을 거부했던 유럽 과학자에게 오랜 시간 비웃음을 샀지만, 이마니시 킨지는, 인간을 제외한 다른 생물종에도 문화가 존재한다는 사실을 최초로 주장했다. 그리고 그의 생각은 맞았다.

영국의 젊은 학자 제인 구달은 1960년대 초, 탄자니아의 침팬지가 도구를 만들고 사용하는 모습을 관찰했다. 그런 그녀 역시 연구대상에게 별칭을 지어주는 것과 관련해 '감성주의자'라며 조롱을 받았다. 그러나 제인 구달은 평생을 헌신한 연구를 통해, 세계적으로 인정받는 영장류 행동학 전문가로 자리매김했다. 그리고 이제는 아무도 제인 구달이 침팬지에게 지어준 데이비드 그레이비어드, 플로, 플린트, 피피, 피건의 이름을 들으며 비웃지 못한다.

5
해변 산책

"넌 바닷속에서 살아본 적이 별로 없겠구나. (…)

바닷가재를 만나보지도 않았겠네. (…)

그럼 바닷가재 카드리유가 얼마나 즐거운 녀석인지도 모르겠네."

'모조' 거북의 흐느낌

크로케 경기가 끝나갈 무렵, 하트 여왕은 평소처럼 거의 모든 참가자의 목을 베라고 위협하고는, 앨리스가 지금까지 만나왔던 상상의 동물들과 비슷한 '모조' 거북 이야기를 앨리스에게 해주겠다고 한다. 모조 거북의 영어 이름은 목 터틀(Mock Turtle)인데, 목(mock)은 가짜와 모조품을 가리키는 단어다. 그리폰과 함께 앨리스를 만난 기이한 존재는 자신이 예전에는 '진짜' 거북이었지만 이제 더는 진짜가 아니고 '대체' 거북이라고 말한다.

존 테니얼이 그린 모조 거북

'앨리스' 책에서는 거북의 생김새를 묘사하는 대신 다음과 같은 방식으로 소개한다.

"(…) 앨리스와 그리폰은, 외롭고 침울하게 바위 끝에 앉아 있던 '모조' 거북을 발견했다."

이야기 초안에서 루이스 캐럴이 직접 그렸던 모조 거북은, 거북이라기보다는 천산갑이나 아르마딜로를 연상시키는 등껍데기를 가진 상당히 이상한 모습으로 표현됐다. 머리는 나무늘보나 해달과 비슷하고,

팔과 다리는 물개의 팔다리를 떠올리게 하는 그림이었다. 존 테니얼은 '모조' 거북을 머리가 하나 있고, 송아지의 뒷발과 꼬리 그리고 바다거북의 등껍데기와 '억세고 큰 손(수영에 적합한 팔다리)'을 가진 모습으로 그렸다.

소개가 끝난 뒤 '모조' 거북은 자신의 어린 시절과 수업 이야기를 꺼낸다.

"(…) 우리를 가르쳤던 선생님은 늙은 바다거북이었는데, 우리는 선생님을 육지거북이라고 불렀어(…)"

"바다거북인데 왜 육지거북이라고 불렀던 거야?" 앨리스가 물었다.

프랑스어판에서는 이 부분을 다르게 변형했지만, 원작에서는 영국인들이 바다거북(turtle)과 육지거북(tortoise)을 구분한다는 점을 드러냈다. 원래 영국인은 단순한 것을 좋아한다는 사실을 떠올리면 좀 재미있는 부분이다. 영국인은 동물을 지칭하는 데 사용하는 명칭도 순화하고, 각기 다른 수많은 생물종을 동일한 단어로 쓰는 경향도 있다. 일례로 펭귄(penguin)이란 단어의 경우, 날지 못하고 남반구에서만 사는 펭귄과 날 수 있고 북반구에 사는 펭귄을 모두 아우르며 쓰인다. 한편, 영어로 아울(owl)이란 단어도 올빼미와 부엉이 모두를 가리킨다. 이 둘은 머리 위에 난 깃털이자 귀처럼 보이기도 하는 관모로 구별되는데, 부엉이만 관모가 있다.

갈매기 역시 걸(gull)이라는 단어 하나로 두 개의 서로 다른 생물종을 모두 가리킨다. 프랑스어로는 무에트(mouette), 고엘랑(goéland)으로 구분한다. 물론, 유전적인 측면에서 명확히 밝혀지지 않은 차이점도 있으니 신중할 필요가 있다. 진화 측면에서 어떤 무에트는 오히려 고엘랑에 가깝기 때문이다. 영국인들이 모두를 다 한데 넣어둔 게 현명한 일이었는지도 모른다. 골칫거리를 사전에 피했으니 말이다.

'모조' 거북은 이어서 수프에 대한 노래를 부르는데, 중간중간 흐느끼기도 했다.

"아름다운 수프, 아주 진하고 초록색이지,

큰 그릇 안에서 뜨겁게 기다리고 있네,

이런 성찬에 고개 숙이지 않을 이 누가 있으리,

저녁 수프, 아름다운 수프!

저녁 수프, 아름다운 수프!

아르음다운 수으프!

아르음다운 수으프!

저어녁 수으프.

아름다운, 아름다운 수프!"

루이스 캐럴은, 여러 특징이 혼합된 모조 거북과 이 노래를 통해서 거북 수프를 먹는 전통을 소개한다. 거북 수프는 빅토리아시대에 특히나 세련된 미식으로 여겨졌다. 이 음식을 준비하려면 푸른바다거북 *Chelonia mydas* 고기가 필요한데, 원래 푸른바다거북 고기는 카리브 제도의 주민(그 유명한 '서인도 제도')뿐만 아니라 바다를 항해하던 선원들이 처음 먹기 시작했다. 산 채로 배에 보관됐던 거북은 선원에게 매우 중요한 영양 공급원이었다. 이 음식은 영국에 전해져 고급스럽고 비싼 요리가 됐다.

영국 귀족은 1728년 처음으로 이 요리를 맛보았고, 상류층에는 1750년부터 확산되기 시작했다. 거북 수프에 대한 수요가 급격히 늘어나 거북 수프 생산은 산업화되었고, 1869년부터 텍사스 연안에서 통조림 생산이 시작됐다. 풀턴에 세워진 공장에서는 연간 1,000마리의 거북을 사용해 거북고기 통조림 18t과 수프 통조림 350kg을 만들어냈다. 그러나 텍사스에서 푸른바다거북을 찾기 어려워졌고, 공장은 1896년 문을 닫았다.

폭발적으로 증가하는 중산층의 수요를 만족시키고자, 19세기의 요리책에서는 값비싼 이색동물 대신 송아지 머리를 통째로 넣은 '가짜 거북 수프(mock turtle soup)' 만드는 방법을 소개했다. 그래도 이 요리는 여전히 고급 저녁요리로 대중에게 널리 퍼졌다. 진짜든 가짜든, 거북 수프는 만들기도 어렵고 세련된 요리라는 인식 때문에 손님을 감동시킬 수 있었다. 그 증거로, 1853년 12월 1일, 런던 크리스털 팰리스에서 열린, 최초의 공룡 조각상 전시를 기념하기 위한 대연회의 메뉴로 '가짜 거북 수프'가 나왔다. 이 이례적인 식사는 이구아노돈 조각상 내부에서 이뤄졌고, 당대 최고의 과학자 21명(런던 자연사박물관장이자 고생물학 창시자 중 한 명인 리처드 오언 교수 등)이 참석했다. 이 정도였다.

빅토리아시대에 대부분 가정에서는 거북 대신 송아지 머리로 수프를 만들어 먹었지만, 거북고기에 대한 수요는 여전히 높아서 거북 개체수에 비극적인 영향을 끼쳤고, 그 영향이 오늘날까지도 이어지고 있다. 게다가, 이 요리의 유행은 푸른바다거북뿐만 아니라, 악어거북*Macroclemys temminckii*, 등껍데기가 부드러운 플로리다 소프트셸 터틀*Apalone ferox* 등 일부 거북들, 심지어 미국 악어 등 다른 종에도 영향을 미쳤고, 이들은 지금도 '거북 수프' 재료로 쓰인다. 이처럼 원재료 동물을 다른 동물로 몰래 바꾸는 현상은 '가짜 거북 신드롬(mock turtle syndrome)'이라는 이름까지 붙었다.

지구의 바다에는 일곱 종의 바다거북이 존재한다. 그중 여섯 종은 푸른바다거북처럼 케라틴화된 껍데기로 이루어진 단단한 등딱지가 몸을 보호한다.(케라틴은 사람의 손톱과 머리카락을 구성하는 주요 물질이다.) 일곱 번째 종은 장수거북*Dermochelys coriacea*인데, 가죽등바다거북(leatehrback sea turtle)이라는 영어 이름처럼 등에 딱지 없이 뼈만 있고, 가죽으로 덮여 있다. 하지만 나쁜 소식이 있다. 일곱 종의 바다거북 모두 위기에 처해 있기 때문이다. 거북의 고기와 알을 소비하는 것이 금지됐고, 개체수도 증가하고 있지만 또 다른 위협이 존재한다.

바다거북은 모두 동일한 의식에 따라 알을 낳는다. 어미는 자신이 태어난 해변으로 가 구멍을 파고, 많은 알을 낳은 뒤, 새끼들에게는 조금의 관심도 주지 않은 채 곧장 다시 떠난다. 아기 거북은 홀로 살아가고 암컷 거북은 어른의 나이(종에 따라 20~30세 무렵)가 되면 같은 해변에 가서 알을 낳는다. 하지만 동일한 번식장소를 고수하는 습성 때

에른스트 헤켈이 자신의 저서『자연의 예술적 형상』(1899~1904)에 싣기 위해 그린 자연도감. 여러 종의 바다거북과 육지거북이 등장한다. 무척이나 독특한 등을 갖고 있는 장수거북은 왼쪽 위에 있고, 매부리바다거북은 오른쪽 위에 있다.

문에 거북들은 궁지에 몰리고 있다. 도시화로 인한 해변의 변화, 바다거북을 귀찮게 하거나 보금자리를 파괴하는 관광객 및 반려견의 존재로 인해 거북들이 피해를 본다. 2013년에 발표된 한 연구에서는 과거(1250~1950)와 현재(1973~2012), 하와이섬의 푸른바다거북 개체수를 비교했다. 결과는 명확했다. 산란 시기가 되자, 전통적인 산란 장소 열다섯 곳(이중 열 곳은 거북들이 특히나 많이 찾았던 곳이다.) 가운데 단 여섯 곳에만 거북들이 찾아왔고, 전체 거북 중 90%가 오직 단 한 곳, 프렌치 프리깃 모래톱(French Frigate Shoals, 하와이어로는 카네밀로하이Kānemiloha'i)에서 알을 낳는 것이 관찰됐다.(둥지 374개) 이곳은 기후 온난화와 해수면 상승으로 위협받는 곳이다.

거북을 지키려는 여러 보호조치 덕분에 푸른바다거북의 개체수가 조금씩 늘고는 있지만, 육지든 바닷속이든 거북의 서식 환경을 보존하지 못한다면, 장기적으로 사람들의 노력은 아무런 소용이 없을 것이다. 몇몇 성과에 대해 기뻐할 수는 있지만, 아직 가야할 길이 한참 멀다. 루이스 캐럴의 '모조' 거북이 우울할 만한 진짜 이유가 있었던 것이다. 다행히 '모조' 거북은 활력을 잃지 않으려고 춤에 몰두하고 있다. 한번 따라가보자.

바닷가재의 카드리유 춤

루이스 캐럴은 아주 영리하게도 바닷가 산책을 구실로 이 챕터에서 난센스를 최대한 쏟아냈다. 하고 싶었던 말장난을 모두 쓴 것이다. 당시에 유행했던 동요를 참고해 여러 노래를 편곡했는데, 정말 다양한 동물 특히 수생동물이 많이 등장한다. 영혼을 홀리는 춤에 빠진 동물을 모두 소개하는 것은 불가능하므로, 그중에서 가장 맛깔스러운 부분만 을 뽑아 이야기해보도록 하겠다.

앨리스의 이야기로 다시 돌아가보자. 앨리스는 '모조' 거북과 그리폰에게서 '바닷가재 카드리유'의 활력 넘치는 춤을 배운다.

"자, 먼저 해안가를 따라서 한 줄로 서야 해…." 그리폰이 말했다.

"두 줄이지! 우선 물범, 거북, 연어 등등. 그다음으로 해파리들을 그 줄에서 치우고 나면…." (…) '모조' 거북이 그리폰의 말을 바로 잡으며 말했다.

"앞으로 두 발짝 움직여…."

"모두 바닷가재 한 마리와 파트너를 이루지!"

카드리유는 루이스 캐럴이 살던 시대에는 대유행이었지만, 오늘날에는 좀 이상해 보일 수도 있는 춤이다. 이 춤은 남녀 두 쌍 혹은 네 쌍이 '사각형' 모양으로 추는 사교춤이다. 작가는 어린이 친구 중 한 명에게 보낸 편지에서, 카드리유가 아주 '독특한' 춤이고 자신이 마지막으로 그 춤을 췄을 때, 집의 바닥이 주저앉았다고 이야기하기도 했다. 그가 묘사한 '바닷가재의 카드리유'가 카드리유의 한 종류인 '랜서스 카드리유'(영어로 '바닷가재'를 뜻하는 '랍스터Lobsters'와 '랜서스Lancers'의 발음이 비슷했기 때문에 루이스 캐럴이 이를 놓치지 않았을 것이다.)에 대한 패러디라는 추측도 있다. 프랑스에는 1856년에 등장했지만, 아일랜드의 더블린에서는 이보다 40년 앞서 만들어진 랜서스는 작가가 작품을 집필하던 시기에 엄청난 인기를 끌었고 20세기 중반까지도 춤을 추는 사람들이 있었다. 랜서스 카드리유는 다섯 부분인 티루

카드리유 춤을 추고 있는 커플들(르봉장르Le Bon Genre, 1805)

아르(Tiroirs), 리뉴(Lignes), 살뤼(Saluts), 물리네(Moulinets), 랑시에(Lanciers)로 구성되는데, 그리폰과 '모조' 거북이 앨리스에게 딱 한 부분만을 알려주고 있어서, 나머지 부분은 어떻게 가르쳐줬을지 궁금증이 남는다.

바닷가재가 추는 카드리유가 터무니없어 보이긴 하지만, 그래도 거기에 언급된 인물이 실제로 카드리유와 어울릴 수도 있다는 점은 흥미롭다. 물범, 거북, 해파리, 연어, 바닷가재…, 이들은 모두 유럽의 찬 바다나 온난한 바다 등 동일한 환경에서 산다.

첫 번째로 언급된 물범부터 들여다보자. 물범은 바깥으로 드러난 귀가 없다는 점에서 물개와 구분된다. 육지에서는 땅딸막하지만 수영에 최적화된 몸을 가졌다. 물범의 뒷발은 서서히 지느러미발(약간 지느

왼쪽은 '바나나' 포즈로 편안히 쉬고 있는 잔점박이물범, 오른쪽은 남방물개. 물개에게만 귀가 있는 것을 알 수 있다.

러미처럼)로 변했는데 땅 위에서는 아무런 쓸모가 없다.(반면 물개는 지느러미발로 지탱할 수 있다.) 물범의 피부밑에는 지방층이 있어서 얼음물에 들어가도 몸을 따뜻하게 유지할 수 있다. 또한 물범은 물속에서 콧구멍을 막을 수도 있는데, 잠수할 때 아주 유용하다.

루이스 캐럴의 고향 영국에서는, '항구물범'이라고도 불리는 잔점박이물범*Phoca vitulina*과 회색물범*Halichoerus grypus* 등 두 종류의 물범을 볼 수 있다. 이 두 종은 프랑스 해안(특히 솜Somme만과 대서양 연안)에서도 관찰할 수 있다. 물범은 무리 생활을 하며 물고기를 잡거나 해변에서 쉬면서 시간을 보낸다.(항구물범이 휴식 때 취하는 '바나나 포즈'는 뒷다리를 건조한 상태로 유지해준다.) 가죽과 고기 때문에('화이트 코트'라 불리는 새끼 물범의 가죽은 고급 흰색 모피 느낌이다.) 오랫동안 사냥당했던 이 물범은 현재 보호종이다.

20세기 초, 영국에 사는 회색물범의 수는 500마리에 불과했지만, 현재는 전 세계 회색물범의 40%에 해당하는 12만 마리가 살고 있다. 프랑스 해안의 상황을 생각해보면 무척 고무적이다. 프랑스 해안에는 회색물범이 500여 마리에 불과하지만, 그럼에도 불구하고 어부들과의 공존이 쉽지만은 않다. 어부들은 회색물범의 막대한 물고기 소비량이 탐탁지 않기 때문이다. 물범의 식습관은 다른 카드리유 춤꾼들의 분노를 일으킬 수도 있다. 리듬에 맞춰 발을 구르기 위해서, 회색물범에게 배고픔을 참는 법을 먼저 알려줘야겠다.

해파리는 조용히 춤을 추기 위해서 천적을 피하는 방법을 잘 알고 있다. 해파리가 두려워하는 천적은 해파리를 즐겨 먹는 바다거북이다. 하지만 바다거북이 젤라틴질의 동물먹이를 선호하는 데는 위험이 따른다. 바다에 떠다니는 엄청난 비닐은, 해파리가 파도에 흔들릴 때 수동적으로 움직이는 모습과 너무나 비슷해서, 불운한 바다거북이 실수로 비닐을 계속해서 삼키게 된다. 알다시피, 바다거북의 위는 이런 종류의 먹이에 적합하지 않다. 인간의 무분별한 플라스틱 사용으로 큰 피해를 보는 동물 중 하나가 바로 바다거북이다.

해파리는 자연의 신비다. 따끔하게 쏘는 촉수 때문에 사람에게 환영받지 못하지만, 해파리의 생애주기를 들여다보면 무척 놀랍다. 말미잘, 산호 등과 함께 **자포동물**문에 속하는 해파리는, 앞서 살펴봤던 나

해파리의 성장과정(1886). 맨 위가 플라눌라 단계이고, 두 번째 줄부터 폴립 단계인데 촉수와 '입' 그리고 받침대에 고정된 모습을 확인할 수 있다. 출아번식을 통해 새로운 작은 해파리들이 배출되는 모습도 볼 수 있다.

비나 개구리와 마찬가지로, 생애주기마다 뚜렷이 구분되는 각기 다른 형태를 갖춘다. 먼저, 수정된 알은 섬모가 달린 유생 즉, 플라눌라로 변하고, 그다음, 작은 말미잘과 조금 비슷하게, 수직 방향으로 난 촉수들에 둘러싸인 입이 달린 **폴립**으로 변신한다. 폴립은 바위나 해초 위에 달라붙는데, 이후 출아번식(난자나 정자를 필요로 하지 않는 무성생식의 한 종류)을 통해 작은 메두사가 되고, 고정됐던 곳에서 분리돼 바닷속을 자유롭게 떠다닌다. 성체로 자라면, 자유로운 메두사 형태를 이용해, 수컷 또는 암컷으로 생식세포를 발달시킨 뒤 유성생식으로 번식한다. 해파리는 번식한 뒤, 생애주기가 한 차례 마무리되면 생을 마감한다.

당연히 예외도 있는데, 5mm의 작은 해파리인 작은보호탑해파리 *Turritopsis nutricula*는 피터 팬처럼 다른 이에게 자신의 자리를 내어주지 않는다. 이 해파리는 번식을 한 뒤, 다시 고정된 폴립 단계로 돌아갈 수 있다. 생애주기를 역행해 무한으로 다시 시작할 수 있는 것이다. 폴립으로 돌아가고 나면, 모든 세포가 재생되고, 새로운 폴립처럼 주기를 다시 시작할 수 있다. 이 해파리는 영원한 젊음의 비밀을 밝혀냈다. 작은보호탑해파리는 생물학적으로 불멸이다.

이 기묘한 동물은 태초부터 지구의 바다에서 살아왔다. 2016년, 미국의 한 연구팀이 캄브리아기 초기 즉, 5억 4,000만 년 전의 해파리 화석 열세 점을 발견했다.(몸이 물렁한 동물의 화석을 발견하는 일은 매우 드물다.) 이 시기에는 생명체가 주로 바다에 살았고, 최초의 공룡은

이로부터 수십만 년 뒤에나 나타난다.(가장 오래된 공룡 화석이 '겨우' 2억 3,000만 년 전의 화석이다.) 해파리는 과거의 동물로만 남기는커녕, 미래로 갈수록 점점 더 그 수가 많아졌다. 최근 연구에 따르면, 해파리의 몇몇 종은 실제로 개체수 증가 '붐'이 일었는데, 해양 산성화 및 수온상승을 비롯해, 폴립이 고정할 수 있는 최적의 환경을 만들어준 인공 구조물 설치 등 아주 다양한 요인 때문이었다. 특정 해파리의 수가 증가하면, 사람들에게는 걱정거리가 될 수도 있지만, 거북은 불평할 일이 없을 것이다.

위대한 여행가인 거북은 남반구(카리브 제도, 호주)의 해변에서 태어나면 아주 먼 곳으로 회유[11]한다. 어떤 거북은 유럽이나 북아메리카 해안 등 해파리와 물고기를 실컷 먹을 수 있는 곳까지 가서 산다. 꽤 놀랍게도, 영국 해안에서 장수거북(현재 가장 큰 거북)이 여러 차례 관찰된 적도 있었다. 딱 하나 문제라면, 수온이 10℃ 이하로 내려가면 안 된다. 수온이 그 밑으로 내려가면 추위로 인해 거북의 몸은 둔해지고 느려지며, 생명에 필요한 기능도 최소한으로만 유지된다. 거북은 같은 파충류인 뱀이나 도마뱀처럼 바깥 온도에 따라 체온이 변한다. 예전에는 파충류를 '냉혈성'이라고 부르기도 했다. 하지만 실제로는 변온의(poikilotherm, '불규칙한'이라는 뜻의 그리스어 'poikilo'에서 유래)라

11 물고기가 알을 낳거나 먹이를 찾기 위하여 계절을 따라 일정한 시기에 한 곳에서 다른 곳으로 떼지어 헤엄쳐 다니는 일

는 형용사를 사용하는 것이 훨씬 더 정확하다. 스스로 체온을 조절할 수 있는 동물을 가리키는 **정온동물**(포유류와 조류가 여기에 해당함)과 반대되는 의미다. 사실, 거북의 체온이 얼음장처럼 차갑지는 않다. 하지만 활발히 움직이려면 반드시 온기가 필요하다. 외부 환경에 이토록 의존하면서도, 거북은 번식을 위해서라면 수십만km도 마다하지 않고 여행을 한다. 거북이 바닷속에서 방향을 잡고 항해하는 능력은 오랫동안 많은 이가 궁금해했다. 이제 사람들은, 거북이 자기장을 이용해 방향을 정해서 나아간다고 생각한다. 자기장은 밤낮 할 것 없이 언제나 이용할 수 있는 시스템이고, 계절이나 날씨의 영향을 거의 받지 않으며, 바닷속 어디에서도 탐지할 수 있다. 또 다른 위대한 여행가인 연어와 바닷가재 역시 자기장을 감지하는 생체 나침반을 사용한다.

여행이라면 단연, 연어가 전문가다. 대서양연어*Salmo salar*는 출생지와 번식지 사이의 엄청난 거리를 이동하는 것에 그치지 않고, 아예 생활환경을 바꾼다. 성어들은 11월에서 1월 사이에 강에서 교미한 뒤 알을 낳고, 알들은 자신이 산란된 장소의 자갈 아래에 묻힌 채 겨울을 지낸다. 4월이 되면 부화가 시작되고, **치어**들은 자갈 아래에 몇 주 더 묻혀 있는데, 그동안은 알 속에서부터 배에 달고 있는 일종의 영양 주머니인 '**난황**'으로만 영양섭취를 한다. 5월 말이 되면 스스로 먹이를 찾아서 먹기 시작하고, 몸이 천천히 커진다. 치어의 몸길이가 5cm가 되면 **파**(parr)라고 부른다. 이들은 강에서 1~2년을 보낸다. 이들에게는 강바닥에서 몸을 지탱하며 먹잇감을 기다릴 수 있

각기 다른 모습을 한 대서양 연어: 번식기의 수컷 켈트, 사랑받는 암컷 그리고 어린 연어

게 해주는 커다란 지느러미가 있어서, 강에서 아주 잘 적응할 수 있다. 이후 몸길이가 15cm가 되면 연어는 바다를 향해 떠나기 시작한다. 이때 연어의 겉모습이 바뀌고, (송어처럼) 원래 점무늬가 있던 표피는 성어처럼 은빛을 띠게 된다. 이때의 연어를 **스몰트**(smolt)라 부른다. 이런 외모 변화는 아름다움을 위한 것이 아니다. 연어의 눈은 바다의 어둠에 적응하기 위해 커지고, 표피는 해수의 **삼투압**을 견디기 위해 두꺼워지며 행동 역시 바뀐다.

파 단계의 연어는 극도로 영역 중심적이지만, 스몰트 연어는 무리를 지어 생활하고, 다른 연어의 접근을 허용한다. 스몰트는 강을 재빠르게 내려가 자신의 출생지와는 아주 다른 환경인 바다로 합류한 뒤, 영양 섭취를 위해 북쪽으로 올라가는데, 그린란드 해안까지 가는 경우도 있다. 스몰트는 바다에 도착하면 매우 빠르게 몸이 커져 최대 60cm까지 자란다. 연어는 해수에서 1~3년 지낸 뒤, 물줄기를 거슬러 올라가 태어난 곳으로 돌아간다. 연어의 이런 방향 감각은 과학자들을 열광시킨다. 연어는 자기장을 사용하는 것 말고도, 출생지 냄새를 기억하는 것으로 알려졌기 때문이다. 20세기 초부터 여러 과학자가, 후각 신경이 손상된 연어가 길을 찾는 데 어려움을 겪는 것을 관찰했다. 포식자들은 일반적으로 연어의 회귀 여행 때 매복하여 연어를 기다린다. 연어 수가 많다 보니 폭포 위에서 그저 입만 벌리고 있는 불곰의 모습도 여러 차례 목격됐다.

연어의 유일한 목표는 번식이다. 그래서 민물에 도착하자마자 먹는 것도 중단한다. 지체할 시간이 없다. 교미 장소인 산란장에 도착하면, 수컷은 다시 한번 변화하고, **켈트**(kelt) 연어가 된다. 수컷의 안쪽 턱은 길어지고 구부러져서 가공할 만한 주둥이를 가진 꽤 무서운 모습이 되는데, 바로 이 새로운 주둥이를 가지고 수컷끼리 경쟁하고, 싸움에서 승리한 수컷만이 암컷이 낳은 알에 수정할 기회를 얻는다. 암컷은 강바닥의 자갈 사이에 틈을 만들어 산란한다. 연어는 산란과 수정에 엄청나게 공을 들여서 대부분 교미 직후 죽는다. 생존한 수컷(번식에 참여한 수컷 중 20% 미만)은 정상적인 모습을 되찾아, 주둥이도 다시 들어가고, 암컷과 함께 다시 바다로 떠난다. 이 아름다운 세상은 1~2년 뒤에나 다시 찾아올 것이다. 좋은 여행 되시길!

유럽가재*Homarus gammarus* 역시 자기장을 감지할 수 있는 생체 나침

닭새우(위)와 집게발이 달린 바닷가재(아래)

반을 이용해 방향을 찾는 것으로 유명하다. 바닷가재도 해파리와 연어처럼 매우 뚜렷이 구분되는 여러 생애주기를 거친다. 처음에는 아주 작은 유생상태로 바닷속에서 플랑크톤 사이를 떠다니고, 여러 번의 허물벗기 이후에야 관절로 이어진 다리를 가진 갑각류 모습을 하기 시작한다. 바닷가재는 두 개의 집게발을 포함한 열 개의 다리를 가지고 있어서, 집게발이 없는 닭새우와 구별된다. 바닷가재의 집게발 두 개는 서로 약간 다르다. 둘 중에 더 큰 집게발은 부수는 데 쓰이고, 작은 쪽은 자르는 데 쓰인다.

사람처럼 바닷가재도 오른손잡이와 왼손잡이가 존재하는데, 자르는 집게발이 개체에 따라 오른쪽이거나 왼쪽이다. 어린 가재의 집게발도, 성장하면서 발달하게 된다. 사실, 바닷가재는 일생 동안 자란다.(**무한생장**이라고 함.) 연속된 허물벗기를 통해, 부족한 집게발이나 다리가 생겨날 수도 있다.(완벽한 기능을 하는 기관을 얻기 위해서는 허물벗기가 여러 차례 이루어져야 한다.) 그리고 그물에 걸리거나 포식자에게 와작 씹어먹히지 않는다면, 아주 늙은 나이까지 살 수 있다. 1999년 캐나다 연구팀이 발표한 연구에서는 수컷 바닷가재의 평균 수명을 31세, 암컷을 54세로 추정했다. 하지만 최장수 암컷 바닷가재의 시계는 72년째 돌고 있었다.

바닷가재의 번식도 한번 눈여겨볼 만하다. 미국 드라마 〈프렌즈〉의 시즌 2, 14회에서, 주인공 중 한 명인 피비는 바닷가재들이 서로 집게발을 잡고 산책을 하고, 평생 서로에게 충실히 사랑하며 살아간다고 말한다. 그러면서, 사랑하는 레이첼의 마음을 얻지 못해 낙담한 로스에게 "She's your lobster."("레이첼은 네 바닷가재야.")라고 말한다. 두 사람은 무슨 일이 있어도 함께 할 운명이라는 뜻이었다.

로맨틱한 독자 여러분들 (그리고 〈프렌즈〉의 팬들)에게 찬물을 끼얹어서 유감이지만, 피비의 말은 전혀 사실이 아니다. 그게…, 말하자면, 암컷 한 마리는 탈피 직후 정해진 순간에 수컷 한 마리하고만 교미할 수 있다. 하지만 수컷은 공략 대상을 확대하는데, 암컷과 수컷 한 쌍이 얼마 동안은 둘만 함께 하지만, 이후에는 절대 다시 마주치는 일이 없다. 암컷은 탈피 뒤 며칠 동안 피부가 말랑해져 있기 때문에 취약한 상태다. 그래서 몸을 보호할 수 있는 구멍을 찾는다.

수컷은 아늑한 피신처를 차지하려고 열심히 싸운 다음 피신처에 암컷을 초대한다. 각자 자기 짝을 찾고 나면, 수컷은 암컷을 자기 곁에 두고, 교미를 위해 암컷이 탈피하기를 기다린다.(성격이 아주 급한 어떤 수컷은 암컷이 껍데기 벗는 것을 돕기도 한다.) 수컷은 일종의 정자 주머니인 **정포**를 (암컷의 배에 있는 구멍을 통해서) 암컷의 몸에 넣는다. 암컷은 정포를 몇 달 동안 보관했다가 수정할 때 사용한다. 두 파트너는 탈피 뒤 며칠 동안 함께 지낸다. 수정이 이루어지면, 암컷은 9~11개월 동안 자신의 꼬리 아래에 수정란들을 매달아 둔다.(꼬리의 너비는 암컷과 수컷을 구분할 수 있는 효과적인 기준이다. 꼬리에 알을 붙이고 있는 암컷들은 수컷보다 꼬리가 크다.)

수많은 작품에서 소개했던 것과는 달리 (스기야마 타쿠 감독의 1983년작 일본 애니메이션 〈이상한 나라의 앨리스〉 '바닷가재의 춤' 편에서처럼), 바닷가재는 자연상태에서 빨간색이 아니다. 평소에는 녹갈색이고, 가끔 아주 옅은 푸른색을 띤다. 바닷가재의 껍데기에는 카로티노이드(오렌지, 당근 등에 들어 있는 주홍색 색소) 계열이자 아주 특별한 **단백질**인 크루스타시아닌에 연결된 아스타크산틴 색소 등 여러 물질이 동시에 존재한다. 열이 작용하여 이 단백질과 색소의 연결이 약해질 때, 주홍색이 나타난다. 크루스타시아닌 단백질 체인이 풀리고 색소가 방출되면, 가열된 가재의 껍데기는 붉은색을 띤다.

한편, 바닷가재는 카드리유를 출 수 있는 아주 훌륭한 춤꾼 후보다. 바닷가재는 앞으로는 물론 뒤로도 걸을 수 있고 수영할 수 있기 때문이다. 바닷가재는 겁을 먹으면 잽싸게 꼬리를 움직여 몸을 뒤로 던진다. 포식자를 피할 때뿐만 아니라, 자꾸 발을 밟는 어설픈 파트너와 카드리유를 출 때도 아주 유용한 기술이다.

이제 우리의 춤으로 돌아가보자. 그리폰과 '모조' 거북은 카드리유 참가자들을 공식적으로 소개한 뒤, 앨리스와 춤을 추기 시작한다. 동시에 '모조' 거북은 우스꽝스러운 상황에 빠진 바다생물 여럿이 등장하는 우울한 노래를 부른다. 한번 들여다보자.

달팽이가 째려보며 답했지, "너무 멀어, 너무 멀어!"

달팽이는 대구에게 고맙다고 했지만 춤을 추고 싶지는 않았어(…).

비늘 덮인 친구는 이렇게 대답했지, "거리가 뭐가 중요해?

저쪽에 또 다른 해안이 있어. 영국에서 멀어질수록 프랑스에 가까워지지.

그러니 창백해지지 말고, 친애하는 달팽이야, 이리 와서 같이 춤추자."

이 노래에는 대구와 달팽이가 등장한다. 여기에서의 달팽이가 프랑스어판에서는 경단고둥(bigorneau)으로 쓰였다.

달팽이와 경단고둥은 둘 다 연체동물문의 복족강에 속하지만, 그래도 둘을 구분해서 알고 있는 편이 좋다. 먼저, 이들은 한 덩어리로 된 하나의 껍데기를 갖는데 이런 동물을 **단각류**라 부른다. 굴이나 홍합, 대왕 조개처럼 분절된 두 개의 껍데기를 가진 **쌍각류** 동물에 반대되는 개념이다. 달팽이와 경단고둥에게는 일종의 뿔모양 혀인 '치설'이 있는데, 치설에는 '이빨'이 달려 있어 먹이를 식도로 넘기기 전에 떼어내고 잘라내는 역할을 한다. 경단고둥은 잡식성이라서 해조류는 물론 무척추동물의 유충까지도 즐겨 먹는다. 바로 여기에서 차이점이 생기기 시작한다. 경단고둥은 정원달팽이*Helix aspersa aspersa* 같은 육지 달팽이와는 다르게 자웅동체가 아니다. 다시 말해, 혼자서 암컷, 수컷 두 종류의 생식세포를 만들어낼 수 없다는 뜻이다. 그래서 수컷 경단고둥과 암컷 경단고둥이 모두 존재한다. 물론, 맨눈으로 암컷과 수컷을 구별하는 일은 불가능하지만 말이다.

또 다른 큰 차이점은, 육지 달팽이에게는 폐가 있고, 경단고둥에게는 몸의 앞쪽에 아가미가 있다는 사실이다. 경단고둥은 수생환경에서 살아가지만, 비밀 병기라 할 수 있는 아감딱지 덕분에 썰물에서도 잘 버틸 수 있다. 이 단단하고 영구적인 조직을 문처럼 사용해 껍데기의 입구를 가리고, 몸이 건조하지 않도록 지키는 것이다. 덕분에 습기를 유지하면서 바닷물이 다시 차오를 때까지 기다릴 수 있다. 아감딱지는 경단고둥의 껍데기와 함께 자라서 언제나 알맞은 크기를 유지한다. 누출을 막는 데에도 편리하다.

반면, 육지 달팽이는 점액을 분비해서 만드는 임시 덮개에 만족해야 한다. 이를 '**동개**(epiphragm, 그리스어로 '~의 위'를 뜻하는 'epi', '울타리'를 뜻하는 'phragm')라 부른다. 동개는 건조한 지역과 공기에 염분이 가득한 바닷가에서 달팽이를 보호한다. 부르고뉴 달팽이*Helix pomatia*를 포함한 일부 달팽이들은 **동면**에 들어가기 전, (백악 같은 석회암에서 찾을 수 있는) 탄산칼슘으로 만든 훨씬 견고한 동개를 합성한다. 이 덮개는 다공질이어서 외부와 공기 순환이 가능하고 따라서 달팽이도 호흡할 수 있다. 덮개를 닫고 있으면서 천적의 공격으로부터 스스로를 보호할 수도 있다. 문이 닫혀 있으니, 다음에 다시 들르자.

'모조' 거북이 부르는 원곡에서는 경단고둥이 아닌 달팽이가 프랑스에 가까워지며 얼굴이 창백해진다. 영국인들을 여전히 놀라게 하는 아주 프랑스다운 식습관 즉, 달팽이를 먹는 문화를 루이스 캐럴이 이 연에서 암시했을 확률이 높다. 그렇다고 프랑스 사람들만 달팽이를 먹는 건 절대 아니다.

인간이 복족류를 섭취했던 첫 흔적은 선사시대로 거슬러 올라간다. 스페인 동남부 알리칸테 부근의 '코바 데라 바리아다' 발굴 현장에서 스페인의 한 연구팀이 3만 년 전 육지 달팽이 껍데기를 1,484개나 발견했다. 대부분 온전한 상태의 껍데기가 이렇게 많이 한 장소에 쌓여 있었다는 것은, 인간이 아닌 다른 동물이 달팽이를 섭취했을 수도 있다는 가설을 배제하는 것이다. 고고학자들은 달팽이 껍데기가 가득한 가열 조리용 구덩이도 발견했는데, 이곳에 살았던 주민이 달팽이를 익혀서 먹었다는 사실을 알 수 있다.

달팽이 섭취와 관련해, 현재 유럽에서는 스페인과 이탈리아, 독일 등이 프랑스의 뒤를 바짝 쫓고 있다. 2005년 기준, 프랑스인들은 1년에 약 4만t의 달팽이를 먹었다. 유럽 외에도, 아카티나*Achatina*속 아프리카 대왕달팽이 거래가 상당히 많은 아시아, 아프리카 등에서 달팽이의 인기가 높다. 우리 복족류가 걱정할 만한 이유가 있었다.

그렇다면 대구는 어떨까? 대구*Merlangius merlangus*는 생대구*Gadus morhua*로도 불리는 대서양대구와 같은 과에 속한다. 주로 북대서양에서 찾아볼 수 있는데, 세 개의 등지느러미를 가졌고, 가슴지느러미에는 검은 점이 있으며 기다란 몸은 은빛을 띤다. 태어난 지 3년이 지나 생식기능이 갖춰지면, 몸길이가 최대 40cm에 이르기도 한다. 대구의 번식과 다른 물고기를 먹는 먹이습관 등은 정보가 많지만, 대구의 행동이나 사회생활에 관해서는 거의 알려지지 않았다. 안타깝지만, 식용으로 잡히는 어류가 대부분 그렇다. 어린 대구들은 서로의 '양육자'로 무리지어 지내고, 성어들은 번식기에 다시 만난다는 사실 정도가 알려져 있다. 꼬리를 입에 물고 있지 않다는 점도 비교적 확실하다.

딱 봐도 기분 좋아 보이는 대구(입에 꼬리가 물려 있지 않기 때문에)

그런데 앨리스는 왜 '모조' 거북에게 대구를 설명할 때 *"대구들은 입에 꼬리를 물고 있고, 몸은 온통 빵가루 범벅이지."*라고 말했을까? 마틴 가드너는 저서 『주석 달린 앨리스The Annotated Alice』에서 루이스 캐럴이 편지에 썼던 내용을 인용했다.

"진짜로 대구의 입에 꼬리가 물려 있다고 생각했었다. 하지만 사람들이 말하길, 생선 장수들은 입이 아닌 눈에다 꼬리를 끼워둔다는 것이다."

가드너는 자신에게 주간지 〈더뉴요커〉의 기사를 보낸 한 독자에 대해서도 언급했다. 이 독자가 보낸 기사에는, '화난 대구(merlan en colère)'라 불리는 프랑스 요리가 소개됐는데, 진짜 생선 꼬리가 입에 들어간 채로 완성된 생선튀김이었다. 실제로 대구는 입으로 꼬리를 무는 것이 맞았다. 물론 전혀 그들의 의지는 아니었지만 말이다.

앨리스는 그리폰 그리고 '모조' 거북과 함께 대구의 일생에 관한 대화를 이어간다. 그리폰은 대구가 '와이팅(whiting)'이라 불리는 이유가 "장화와 신발을 만들기" 때문이라고 주장한다. '모조' 거북이 앨리스에게 신발이 반짝거리는 이유를 묻자, 앨리스는 구두를 닦았기 때문이라 대답한다. 그리폰은 물속에서는 대구가 구두닦이를 맡았다고 말한다.(대구를 뜻하는 '와이팅whiting'과 구두닦이를 뜻하는 '블래킹blacking'의 소리가 비슷한 것을 이용한 언어유희.) 앨리스는 해저신발은 무엇으로 만드는지 묻고, 그리폰은 당연히, 가자미(sole)[12]와 장어(eel) 두 종류의 물고기로 만든다고 대답한다.

신발 대신 물고기라니! 이게 말이 되는 걸까? 사실, 말이 된다. 북극, 북아메리카, 스칸디나비아반도, 시베리아 등의 원주민 사회에서는 물고기를 신발로 신는 것이 전통이기도 했다. 물고기 가죽은 아주 질기고 방수까지 돼서, 고어텍스의 조상이라고 할 수 있다. 일본 아이누[13]는 연어 가죽(대구 가죽 말고)을 사용해서 장화를 만들었다. 알래스카의 이누이트, 알루티크, 애서배스카 종족처럼 말이다. 아이슬란드에서

12 납서대과 물고기라는 뜻과 밑창이라는 뜻이 있다.

13 일본 홋카이도와 러시아 사할린에 사는 한 종족

는 대서양늑대물고기*Anarhichas lupus*의 가죽을 더 많이 사용한다. 늑대물고기는 그리폰이 언급한 가자미처럼 바다 밑바닥에 사는 물고기다. 식민지배로 인해 물고기 가죽으로 신발을 만드는 작업은 쇠퇴했고, 이후 메종 디오르나 루이뷔통 같은 유명 패션업체에서 물고기 가죽을 사용하며 다시 주목을 받기 시작했다. 프랑스에서는 상어나 가오리 같은 일부 연골어류의 가죽을 사용해 갈루샤(galuchat)라는 일종의 특수한 가죽을 만들었다. 이 소재는 주로 1920~1930년대 아르 데코 시기에 사용됐는데, 가구를 장식하는 데에도 많이 쓰였다.

하지만 이 기술은 훨씬 더 오래전부터 시작됐다. 파리의 커버 제조 거장(케이스, 통, 갑 제조인)이자, 루이 15세 시대의 장인으로서 갈루샤 가죽의 무두질 기술을 실험했던 장클로드 갈뤼샤가 개발한 기술이다. 갈루샤 가죽은 질감이 오돌토돌한데, 작은 이빨과 단단한 비늘로 뒤덮인 상어나 가오리 가죽의 구조 때문이다. 전자현미경으로 보면 약간 강판을 닮기도 했다. 이 작은 이빨들은 마찰과 저항을 줄여주면서 물속에서 앞으로 나아가기 쉽게 해준다. 물속에서 이들의 역동성을 개선해주는 것이다. 또한, 이 가죽은 소가죽보다 스무 배나 강한 것으로 알려졌다. 갈루샤 가죽은 지금까지도 가방, 가죽 액세서리, 보석…, 심지어 휴대폰 케이스를 만드는 데도 사용된다. 발전은 계속된다.

놀라운 거인, 바다코끼리

앨리스의 모험 2편인 『거울 나라의 앨리스』에서, 앨리스는 모든 것에 이름이 없는 숲에서 나와 트위들디와 트위들덤이라는 기묘한 두 인물을 만난다. 이 쌍둥이는 먼저 앨리스가 자신들과 극성스러운 춤을 추도록 이끈 뒤, 자신들이 아는 '가장 긴 시'인 '바다코끼리와 목수'를 낭송한다.

이야기의 시작은 이렇다. 외롭고 배고픈 바다코끼리와 목수는, 해변에 모래가 너무 많다고 불평하며 해변을 거닌다. 여기에 놀라운 사실이 하나 있다. 해변에 목수가 있는 건 설명이 가능하다. 하지만 바다코끼리는? 바다코끼리가 해변에 나오는 습성이 있을까?

바다코끼리*Odobenus rosmarus*는 우리가 앞에서 만났던 물범과 물개처럼 기각류 육식 포유류다. 바다코끼리는 그린란드에서 알래스카, 러시아 동쪽 끝까지 북극 전역(그러니까 북쪽!)에서 찾아볼 수 있다. 훌륭한 다이버인 바다코끼리는 수심 80m까지도 헤엄칠 수 있고, 10분간 숨을 참을 수 있다. 하지만, 바다코끼리는 힘을 아끼는 경향이 있기 때문에, 우리 앞에서 숨지 않는다. 이들은 수면에서 살고, 해안가나 빙하 위, 육지 가장자리에서 시간을 보낸다. 시에서처럼 해변에서 빈둥거리는 모습이 현실과 그다지 멀지 않은 셈이다.

바다코끼리도 친구 물범처럼 차가운 바다의 수생생활에 완벽하게 적응했다. 다리는 지느러미발 형태를 띠고 있고, 콧구멍을 막을 수도 있으며, 겉으로 드러나는 귀도 없다. 아주 단단한 피부밑에는 부위에 따라 두께가 7cm에 달하는 두꺼운 지방층이 있어, 추위로부터 완벽하게 몸을 보호한다. 바다코끼리는 촉각도 상당히 발달했다. '감각모'라 불리는 어마어마한 콧수염은 접촉을 통해서 물속에서 자신의 위치를 가늠하게 해주고, 매우 효과적으로 먹잇감의 위치를 파악해 준다. 이런 뛰어난 촉각은 불완전한 시각을 보완한다. 바다코끼리의 눈은 다른 기각류의 눈보다 작다. 모든 것을 다 가지고 살 수는 없는 법이니까!

삽화가 존 테니얼은 이 마스토돈[14]에게 빅토리아 여왕 시대의 양복을 입히기 위해 실제보다 조금은 야윈 모습으로 그림을 그렸다. 사실, 바다코끼리는 엄청난 거구에 힘이 넘친다. 어른 수컷은 길이가 3m가 넘고, 무게는 평균적으로 1t에 달한다. 암컷도 뒤지지 않고, 몸길이가 3m에 이르고, 몸무게는 평균 800kg 정도다. 아기 바다코끼리는 태어났을 때 이미 몸무게가 45~75kg이고, 일 년 만에 세 배 이상 는다. 정말 아름다운 아기들이다.

어마어마한 몸집 외에 제일 눈에 띄는 신체적 특징은 바로 엄니가 있다는 점이다. 사실, 이 엄니 두 개는 커다란 이빨, 즉 날카롭게 돌출된 송곳니다. 수컷과 암컷에게 엄니가 있고, 새끼는 4~6cm짜리 '미니어

14 장비목 마스토돈티데 아목(亞目)에 속하는 멸종한 코끼리를 통틀어 이르는 말

처' 송곳니를 갖고 태어난다. 바다코끼리의 엄니는 코끼리의 상아나 비버의 이빨처럼 평생 동안 자란다. 일반적으로 수컷의 엄니가 암컷의 엄니보다 약간 큰데, 수컷 엄니의 길이는 35~65cm 정도이고, 암컷은 25~55cm 정도이다.

사람들은 이 거대한 이빨의 용도에 대한 기발한 해석을 수없이 내놓았다. 200년 넘게 지배적이었던 생각은, 이 엄니가 주로 바다 밑바닥을 파서 먹이를 찾는 용도로 쓰인다는 것이다. 엄니로 구멍을 파서 조개를 캐내는 용도 말이다. 하지만 실제로 바다코끼리는 먹이를 찾을 때 엄니보다는 주둥이 부분을 더 많이 사용한다. 그래서 지금은 엄니가 사회적 역할을 한다고 추정한다. 수컷은 상대방을 위협하거나, 너무 성가시게 구는 라이벌을 떼어 놓기 위해 엄니를 용감하게 드러낸다.

암컷에게, 수컷의 엄니는 '정직한 신호'로 쓰인다. 미래의 새끼가 갖고 태어날 유전적 자질을 평가하는 피할 수 없는 선택 기준이다. 날카로운 이빨은 싸움에서도 유용하게 쓰일 수 있다. 일상에 쓰이는 만능 도구이기도 하다. 물 밖으로 기어 올라오게 해주거나, 빙하를 잘라서 통로를 만들거나, 낮잠을 자기 위한 고정 지지대 역할을 한다. 얼음 조각에 엄니를 꽂은 채, 눈과 코를 물밖에 내놓으면 표류하지 않고 아무 걱정 없이 낮잠을 잘 수 있다. 침대에서 뒹굴다가 떨어질 때가 있다면 바다코끼리를 본보기로 삼길!

트위들디와 트위들덤의 시에서 바다코끼리는 외롭지만 목수와 한 팀을 이룬다. 현실에서도 바다코끼리는 상당히 사회적인 동물이다. 기각류 중에서 최대의 군집을 이루는데, 몇백 마리가 함께 모여서 생활한다. 하지만 암컷과 수컷은 대부분 떨어져서 생활하고, 1~2월 무렵 사랑의 계절에만 만난다. 수컷은 수컷끼리 살고, 암컷은 새끼들과 모여서 사는데 새끼들은 엄마 곁에서 최소 2년을 함께 산다. 바다코끼리는 여유롭다. 암컷은 여섯 살, 수컷은 열한 살에야 성적으로 성숙해진다. 청소년이 된 수컷은 네 살 무렵 어미 품을 떠나 젊은 수컷 무리로 들어갔다가 나중에는 어른 수컷 무리로 간다. 번식기가 오면, 암컷은 교미 준비를 하려고 얼음 조각 위에 모이고, 수컷은 헤엄쳐서 암컷에게 다가간다. 암컷이 수컷이 있는 물속이나 교미장소에 들어갈 때까지 수컷은 휘파람 같은 소리를 내거나 소리를 지른다. 이런 구애 콘서트는 목구멍(정확히 말해, 식도와 후두에 붙어 있는 깔때기 모양 부분인 인두)에 위치한 한 쌍의 공기주머니를 사용하는 덕분에 가능하다. 이 주머니들은 바다코끼리가 별다른 노력 없이 수면에 떠 있을 수 있게 해주는데, 고정할 곳 없이 낮잠을 잘 때에도 아주 편리하다.

바다코끼리는 한 해에 이동을 많이 하는데, 봄과 가을에 한 차례씩 겨울나기 장소인 해안의 거대 얼음 조각 위에서 여행을 떠나, 좋아하는 해변으로 가서 여름을 보낸다. 하지만 수컷과 암컷이 같은 경로를 택하지는 않는다. 봄이 되면, 암컷과 새끼들은 얼음 조각을 따라 북쪽으로 이동한다. 해안에서 최대한 멀어져서 육지 포식자로부터 새끼를 보호하기 위해서다. 바다코끼리의 해안 습성을 생각해보면, 앨리스가 만난 바다코끼리는 수컷임에 틀림없다. 하지만 앨리스를 만난 바다코끼리와 달리, 보통의 바다코끼리는 먹을거리를 찾으려고 한 해변에 계속 머물지 않는다.

바다코끼리와 목수의 이야기에는 중요한 역할을 하는 다른 등장인물도 나온다. 바다코끼리와 목수를 따라 해변으로 나왔다가, 안타깝게도 두 사기꾼의 간식시간에 간식으로 함께 하게 된 어린 굴들이다. 디즈니 애니메이션에서도 등장하는 이 슬픈 장면은 어린 관객들에게 엄청난 트라우마를 남겼다. 한번 살펴보자.

"오, 굴들아, 이리 와서 우리와 함께 산책하자!"

바다코끼리가 애원했지.

"즐거운 산책, 즐거운 대화를 나누자,

짭짤한 해변을 따라서."

(…)

"빵 한 덩어리." 바다코끼리가 말했지.

"일단 우리한테는 그게 필요해,

후추와 식초도 있다면 아주 좋겠지.

굴들아, 이제 너희들이 준비되었다면,

점심 식사를 시작할 수 있어!"

그렇게 거대한 동물이 이 작은 연체동물만으로 만족했다는 것은 믿기 힘들다. 바다코끼리는 진짜로 굴을 좋아할까? 실제로 바다코끼리는 새우, 탈피로 물렁해진 게, 해삼, 부드러운 산호를 아주 좋아한다. 하지만 바다코끼리가 제일 좋아하는 건, 쌍각류 연체동물로, 물렁한 몸통을 즐겨 먹는다.

바다코끼리의 식단에 주로 등장하는 동물은 백합조개와 대합조개류, 우럭*Mya sp.*, 족사부착쇄조개*Hiatella sp.*, 새조개(*Serripes* 속)다. 굴은 바다코끼리가 사는 환경에서는 찾아보기가 훨씬 어려워 아주 가끔씩만 바다코끼리의 먹잇감이 된다. 바다코끼리는 연체동물을 껍데기 밖으로 빨아내 수관(연체동물의 발)을 껍데기와 분리한다. 이런 고압 '진공 펌프'는 피스톤처럼 움직이는 혀 때문에 가능하다. 높고 깊게 팬 입천장과 단단한 턱 근육이 작업을 마무리한다.

바다코끼리는, 바다 밑에서 찾아내는 먹이 대부분을 씹지도 않고 둥그렇게 삼킨다. 또한 날마다 수심 15~25m의 물을 탐색하면서 4~6시간을 먹이활동에 할애한다. 많은 수고가 드는 활동이다. 한 과학자는 자연환경에 서식하는 어른 바다코끼리가 분당 여섯 마리의 조개를 삼킬 수 있다는 사실을 관찰했다. 이 조개가 평균 40g이므로 우리의 바다코끼리는 하루에 필요한 먹이량 60kg을 채우려면 조개 1,500개를 끄집어내야 한다. 할 일이 많다.

사람들은 흔히 굴이 성욕을 불러일으키는 음식이라고 여겨서, 바다코끼리가 굴을 먹는 것이 그들의 성생활에 큰 영향을 줄 것이라 생각할 수도 있다. 하지만 실제로는 아무 상관도 없다. 바다코끼리는 발기부전을 겪을 일이 없는데, 뼈라는 아주 특별한 장비를 갖고 있기 때문이다. 수컷 바다코끼리도 다른 많은 포유류처럼, 음경에 '음경골'이라는 뼈가 있어서, 그 어떤 피로도 두려울 것이 없다. 바다코끼리의 음경골은 엄청난 크기로 단연 관심을 일으킨다.(길이가 최대 60cm, 무게는 1kg에 가깝다.) 지금까지 지구상에서 발견된 동물계의 음경뼈 가운데 제일 압도적이다.

음경골을 가진 동물은 설치동물(토끼목 제외, 우리의 흰토끼와 3월 토끼는 음경골 없이 한다.), 박쥐, 땃쥐나 유럽고슴도치 등의 식충 동물, 곰이나 갯과(여우, 늑대, 개) 등 육식동물, 족제빗과(수달, 족제비, 오소리) 동물, 고양잇과(호랑이, 표범 및 그 외 모든 크기의 수컷 고양이) 동물, 다른 기각류 동물들이다. 우리와 아주 가까운 영장류 대부분도 음경골을 갖고 있는데 이상하게도 인간에게는 없다. 인체 구조에서 음경골이 사라진 이유에 관한 여러 이론이 있지만, 이렇다 할 결론은 찾지 못했다. 첫 번째는, 남자들 사이에서 경쟁이 급격히 줄었기 때문이라는 이론이다. 이 확실한 음경뼈 덕분에 가능한 긴 성교를 유지하면서 여성이 다른 데로 가지 못하게 곁에 둘 필요가 더는 없어졌기 때문이다.

다른 과학자들은, 여성들이 파트너를 고를 때 이 기준을 선택하지 않았기 때문에, 남성의 자질 가운데 가장 두드러지는 이 특징이 사라졌을 것이라고 추측한다. 마지막으로, 수컷 침팬지는 어른이 됐을 때 음경골이 있지만, 태아의 마지막 발달 단계에서는 존재하지 않는다. 그래서 어떤 이들은, 음경골이 없는 인간은 '유형 성숙' 특징, 다시 말해 발달을 마치지 않은 미성숙한 존재에게 고유한 특징을 간직했을 것이라고 주장한다.

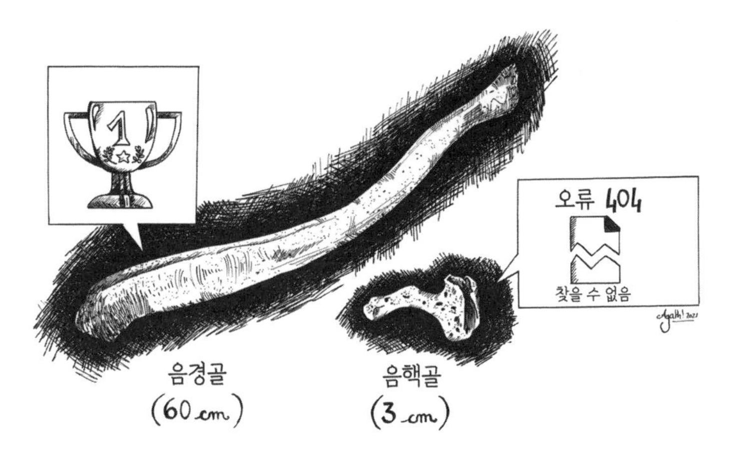

왼쪽은 수컷 바다코끼리의 음경골, 오른쪽은 암컷 바다코끼리의 음핵골

그렇게나 많은 수컷 포유류가 음경뼈를 갖고 있다면, 암컷들은 어떨까? 일부 암컷도 수컷과 동등하게 '음핵골'이라 불리는 음핵뼈를 갖고 있다. 바다코끼리가 그렇다. 음경골과 음핵골은 외관에서 확연한 차이가 있다. 수컷의 뼈는 크고 길쭉한 막대모양인 반면, 암컷의 뼈는 최대 3cm로 망치를 연상시키는 희한한 모양이다. 안타깝게도 현재 음핵골에 대한 자료는 거의 존재하지 않아, 음핵골의 기능도 수수께끼로 남아 있다. 여성의 뼈보다 남성의 뼈에 대한 연구가 과학자들(20세기까지 거의 독점적으로 남성이었던)의 관심을 훨씬 더 많이 일으켰던 것 같다. 다행히 시대가 바뀌었고, 음핵골도 조금씩 그늘을 벗어나고 있다.

바다코끼리는 극권에 거주하는 사람들의 문화에서 지배적인 역할을 한다. 너그럽고 강력한 영이자 동시에 위험한 적수로 여겨지며, 이누이트의 우주론에서 동등한 구성원으로 자리한다. 또한, 바다코끼리는 중요한 식량 자원으로, 모든 부위(고기, 뼈, 상아, 기름)가 활용된다. 이누이트의 문화에서 음경골은 일상생활 물품으로 흔히 찾아볼 수 있다. 알래스카 원주민은 곰, 바다코끼리, 물범 등의 이 특별한 뼈를 '우식(oosik)'이라고 부르는데, 이 뼈를 광택내고 조각한 뒤 부적, 장신구, 칼집 등 중요한 도구로 쓴다.

화기가 사용되기 이전에 바다코끼리를 사냥하던 모습

바다코끼리가 사람에게는 위험할 수도 있기 때문에 사람들은 공동으로 사냥을 했고, 사냥한 고기는 모두가 고르게 나눠 가졌다. 이러한 인간의 포식은 바다코끼리의 개체수에 별다른 영향을 미치지는 않았다. 18세기에 유럽인이 나타나기 전까지는 말이다. 1860년대(루이스 캐럴의 '앨리스'와 같은 시대)에 갈고리와 창을 대체한 자동총의 출현으로 상황이 급변했다. 총에 맞아 다친 수많은 바다코끼리가 방치됐고, 희생당한 동물의 수는 늘어났다.

1867년, 미국이 러시아에게서 알래스카를 사들인 이후, 바다코끼리 사냥이 집중적으로 늘어났다. 상아에 대한 수요가 극도로 증가했기 때문이다. 1880년에서 1900년 사이 해마다 1만 마리 이상의 바다코끼리가 목숨을 잃었다. 1950년대 말, 개체수가 위험한 수준으로까지 급감하자 바다코끼리 개체수를 관리하는 러시아와 미국의 기관들이 매우 엄격한 쿼터를 정했고, 암컷과 새끼 사냥을 삼가도록 했다. 엄격한 규제 덕분에 개체수는 집중 사냥 이전 수준으로 돌아왔다. 1972년, 미국 영해에서는 원주민의 사냥을 제외한 모든 바다코끼리 사냥을 금지했다.

이주와 번식에 있어서 빙하의 움직임에 크게 의존하는 바다코끼리에게 현재의 빙하 해빙과 수온상승은 악영향을 예고하고 있다. 벌써, 이주 시기가 달라진 것이 목격됐을 뿐만 아니라 먹이를 먹을 수 없는 유빙 위에 더 오래 머무르는 등 쇠약해진 모습도 발견됐다. 또한, 얼음섬의 감소로 바다코끼리가 더 빨리 그리고 더 많이 해안으로 몰려든다. 해안에 모인 동물은 수천 마리의 군집을 이루는데 이 때문에 어린 새끼들이 떠밀리거나 압사할 위험도 커진다. 바다코끼리가 아무리 사회적 동물이라고 해도, 많아도 너무 많다. 서로 다닥다닥 붙어 있는 걸 두려워하지 않는 굴과 다르게 말이다. 이제 굴에게 가까이 가서 살펴보자.

톡 쏘는 굴들

트위들디와 트위들덤이 들려준 바다코끼리와 목수 이야기에서 진정한 주인공은 바로 굴이다. 굴은 두 공모자에게 속아서 결국 잡아먹히고 만다. 우리가 좀 전에 만나 본 대구 등의 물고기와 마찬가지로 사람들은 굴의 미식적인 측면에 집중한다. 하지만, 굴은 과연 어떤 생물일까?

굴은 껍데기가 두 부분으로 나뉜 쌍각류 연체동물로 여러 종이 존재한다. 홍합이나 가리비처럼 굴목에 속하는 식용 굴과 진주조개목에 속하는 진주 굴로 구분된다. 놀랍게도, 식용 굴은 유전적으로 진주 굴보다 홍합에 더 가깝다.

굴은 어디에서, 어떻게 살아갈까? 굴이 군집을 만들기 위해서는 몇 가지 조건이 있다. 서로에게 꼭 달라붙고 모여 있기 위해서는 바위 지지대나, 자갈이나 조개가 깔린 해저가 있어야 한다. 굴은 소금기 있고 따뜻한 바다, 심지어 열대 바다에서도 살지만, 매서운 추위는 견디지 못한다. 한파는 굴에게 치명적이다. 굴은 껍데기를 통해 들어오는 물에서 플랑크톤을 걸러 먹기 때문에 식물성 플랑크톤이 많은 장소에서 살아야 한다. 식물성 플랑크톤의 성장에 빛이 필요하므로, 햇빛이 침투할 수 없는 수심 100m 아래에서는 굴도 살 수 없다. 그래서 중간 정도의 수심에서 살고, 납작 굴은 20m 정도의 수심에서 산다. 굴은 잔잔한 바다를 좋아하는데, 물살이 너무 셀 경우, 플랑크톤을 너무 빨리 멀어지게 하고, 아직 스스로 고정할 수 없는 유생을 배출시켜버리기 때문이다.

유럽에서는 식용 굴 중 유럽납작굴*Ostrea edulis*과 참굴*Magallana gigas* 두 종류를 주로 소비한다. 모양이 둥근 편인 유럽납작굴보다 참굴은 더 길쭉하고 울퉁불퉁하다. 참굴은 해마다 전 세계 생산량의 90%에 해당하는 450만t이 소비될 만큼 우리 식탁에 독보적으로 자주 오르는 메뉴다. 브르타뉴나 푸아투샤랑트에서 재배되고 있어서 프랑스산이

라고 생각할 수 있지만, 사실 참굴의 원산지는 일본이다. 일본 참굴은 1920년대에 아메리카에 처음 소개된 이래, 점차 전 세계로 퍼져나갔다. 프랑스에는 1970년대에 들어와, 프랑스 내에서 재배되는 굴 대부분을 차지한다.

반면 유럽납작굴은 유럽 바다가 원산지인 굴이 맞다. 약 1만 년 전 유럽에 자리잡은 것으로 추정된다. 그렇기 때문에 트위들디와 트위들덤의 노래에 등장하는 굴은 바로 유럽납작굴일 확률이 아주 높다. 하지만 유럽납작굴이 스코틀랜드 해안에서 사라질 뻔한 적도 있다. 1860년에서 1870년 사이, 루이스 캐럴이 『이상한 나라의 앨리스』를 집필하던 시기에 어부들이 일주일에 약 50만 개씩, 연간 3,000만 개의 굴을 거둬들였기 때문이다. 지옥 같은 채집 속도는 현지에서 자라는 개체의 씨를 말렸고, 수질에도 최악의 영향을 미치는 바람에 현재, 굴을 다시 바다에 정착시켜야 한다는 목소리가 나오고 있다.

노래에서는 순진한 어린 굴과 나이 든 굴 한 마리(원작에서는 수컷으로 지칭함)가 나온다. 그런데 굴의 나이는 어떻게 셀까? 나무의 나이테와 비슷한 역할을 하는 굴껍데기의 성장선을 보면 된다. 하지만 주의해야 할 점은, 외부 온도가 굴껍데기의 성장속도에 영향을 미친다는 사실이다. 날씨가 추우면 성장이 더뎌진다. 굴껍데기를 자르면 확인할 수 있는 성장선 판독 기술 덕분에, 과학자들은 연령이 10~15년 되는 굴을 관찰할 수 있었다. 그러나 노화와 함께 껍데기의 몇몇 부분이 마모돼 성장선을 읽기 힘든 경우도 있다. 그래서 굴의 크기는 아주 좋은 단서다.

기네스북에 등재된 가장 큰 굴은 2013년에 덴마크에서 발견된 참굴로, 길이 35.5cm, 폭 10.7cm에 나이는 약 20년 정도로 추정된다. 어린 굴의 경우, 첫 번째 번식은 1년 무렵에 진행되고, 2~3년 된 굴이 유통된다. 그러므로 바다코끼리와 목수에게 희생된 굴은 1년이 채 되지 않은 어린 굴이었다고 생각해볼 수 있다.

굴의 번식 역시 눈여겨볼 만하다. 유럽납작굴의 번식을 살펴보자. 수컷 개체, 암컷 개체가 따로인 홍합*Mytilus edulis*과 달리 굴은 암수한몸이다. 한 개체가 수컷 생식세포와 암컷 생식세포를 모두 만들어낼 수 있다. 생식세포는 여름 번식기가 되면 드러나는데, 굴의 생식기가 커지고 '유백색'이 된다. 이게 다가 아니다. 굴은 생식세포를 배출하고 나면 성별을 바꿀 수 있는데, 같은 번식기간 동안 한 번은 수컷으로, 다음 한 번은 암컷으로 번갈아가며 번식할 수 있다.

모든 굴은 수컷으로 태어나고('**웅성선숙**'이라고 하는데, 말 그대로 '수컷이 먼저'라는 뜻이다.) 나이가 들면서 두 성별이 번갈아 나타난다. 성별 비율에 있어서 온도의 역할도 중요하다. 최근 한 연구에서, 수온이 10℃였을 때, 암컷이 더 많았고, 온도가 14℃ 정도로 높았을 때는 수컷의 수가 더 많았다. 기후 온난화로 바다 온도가 올라갈 경우 벌어질 일을 상상해보라.

지금쯤이면 한 가지 궁금증이 머릿속을 맴돌 것이다. 그럼 유럽납작굴은 어떻게 새끼를 만들까? 다른 많은 해양 무척추동물처럼, 수컷 굴은 정자를 물속에 방출한다. 굴의 독특한 성질이 여기에서 드러나는데, 암컷은 먹이를 흡수하는 방식과 똑같이 껍데기를 통해 들어오는 물에서 정자를 걸러낸다. 이 생식세포가 알을 수정시키고 나면, 알은 껍데기 안에서 안전하게 자라난다. 난공불락의 요새를 가졌음에도 굴은 인색하지 않다. 유럽납작굴 한 마리가 번식기에 평균 150만 마리의 유생을 바다로 내보낸다. 하지만 참굴과 비교하면 유럽납작굴은 대범하지 않은 편이다.

참굴은 수정되지 않은 난모세포를 물속으로 바로 방출하는데, 포식자의 존재를 고려하면 매우 위험한 전략이다. 그래서 참굴은 한 번에 5,000만~1억 개의 세포를 만들어낸다. 양으로 승부를 보는 게 낫다. 유생의 10%만이 어른 굴이 될 것으로 예상하기 때문이다. 유럽납작굴의 유생은 수정 뒤 몇 시간 지났을 때, 첫 번째 껍데기가 형성되는 순간에 배출된다. 유생은 몇 주 동안 떠돌아다니다가 적절한 지지대에 고정해서 '뿌리를 내린다.' 우리가 아는 굴의 일생이 진짜로 시작되는 것이다.

기둥에 결집한 굴들

루이스 캐럴 작품에서 'oyster-bed(굴 침대)'라는 표현이 쓰인 부분은 굴이 군집해 있는 상황을 나타낸다. 하지만 굴이 야생 굴인지 양식 굴인지 명확하게 나와 있지 않다. 이런 의문을 갖는 이유는, 19세기에는 굴 양식이 흔하지 않았기 때문이다. 굴은 그보다 훨씬 더 오래전부터 우리 식탁에 올랐지만 말이다. 러시아 극동지역에 위치한 5000년 전의 유적지에서, 상당히 많은 양의 참굴 껍데기가 한곳에서 발견됐다. 굴 외에 다른 식용 조개류의 흔적이 발견되지 않았던 점으로 미루어, 당시 그곳에 살던 사람들이 공들여 굴을 선택했다는 사실을 보여준다. 이런 선택을 뒷받침하는 또 다른 단서는, 껍데기의 크기가 거의 일정했다. 마치 이 연체동물이 태어난 지 2~3년쯤 지나 완전히 성숙했을 때만 섭취한 것처럼 말이다. 또한 야생 굴 껍데기에 흔히 붙어 있는 갑각류나 연체동물이 굴 껍데기에서 발견되지 않았다. 이런 모든 특징은, 신석기시대에 그곳에 살았던 사람들이 굴을 양식했을 거라는 추측을 가능하게 한다. 한편, 수 세기 동안 야생 굴이 넘쳐났었기 때문에, 굴을 먹기 위해 따로 기를 필요가 없었다는 증거도 있다.

프랑스에서는 야생 굴 개체수가 대규모로 줄어든 이후, 1860년 굴 양식업이 등장했다. 현대 양식업은, 굴 양식의 첫 단계인 '채묘'의 발전과 함께 시작됐다. 채묘란, 작은 컵이나 기와 등을 겹쳐둔 일종의 작은 건물로 된 수집기를 설치해, 그 위에 유생(**종패**라고 부른다.)들이 와서 부착하도록 한다. 굴 인공번식 기술의 발전은 빅토르 코스트의 공이 크다. 빅토르 코스트는 자연과학자이자 과학아카데미 회원이며, 외제니 황후(나폴레옹 3세의 부인)의 주치의였고, 1859년에 세계에서 가장 오래된 해양연구소인 콩카르노 해양연구소를 세웠다. 빅토르 코스트는 자신의 발명품에 대한 특허권을 생세르방 해양연구소 소장 페르디낭 드봉과 나누었는데, 페르디낭 드봉은 유생이 부착될 수 있는 바닥 시스템을 만들었다.

디즈니 애니메이션에서는, 바다코끼리가 물속으로 들어가 굴들에게 함께 물 밖에서 산책하자고 설득하는데, 나이든 굴은 그 제안을 거절하면서 어린 굴들에게도 주의를 준다. 나이든 굴이 거절 의사를 전하기 전에 달력을 한번 쳐다보는데, 그때 달력에서 3월을 뜻하는 'march'의 철자 중 'r'이 빨간색으로 깜빡거린다. 나이든 굴이 달력에 눈길을 주는 것은, 이름에 'r'이 들어가는 달(9월에서 4월까지)에만 굴을 먹을 수 있다는 속설을 드러낸 것이다. 이 속설은, 상류층에서 굴을 많이 먹었던 중세시대부터 시작됐다.

해안에 채취할 수 있는 유럽납작굴의 군집이 있다고 해도, 식탁에 올려 맛을 보기 위해서는 말이나 수레로 운반을 해야 했다. 그러나 도로 사정이 지금과는 완전히 달랐고, 이동에만 며칠씩 걸리기도 했다. 생각해보라, 한여름에 냉장 시스템도 없이 며칠에 걸쳐서 운반한 굴을 먹는다면 식중독에 걸리지 않을 수가 없다. 게다가 여름에는 굴 역시 곧 산란을 앞두고 있어 매우 허약한 상태라서 채취와 운반이 더 까다롭다.(어떤 사람들은 이 시기의 굴이 '유백색'이라서 맛이 떨어진다고 평하기도 한다.) 어떤 이유에서든, 여름철 굴 섭취는 여러 비극적인 죽음의 원인이 됐다. 1759년, 이런 불운한 사고에 마침표를 찍기 위해, 4월 1일에서 10월 31일까지 굴의 채취, 판매, 행상을 모두 금지하는 칙령이 선포됐다. 또한, 이 칙령은 굴의 산란기에 개체군에 너무 많은 개입이 일어나지 않도록 하는 역할도 했을 것이다. 조금이나마 굴을 위한 것이기도 했다.

디즈니 애니메이션을 보면, 바다코끼리가 지팡이를 피리처럼 들고 휘파람을 불어서 어린 굴들이 자신을 따라오도록 꾀어내는 모습이 나온다. 이 장면은 누가 봐도 그림형제의 〈하멜른의 피리부는 사나이〉 이야기를 참조한 부분이다. 한 음악가가 피리 연주로 마을의 쥐들을 유혹해서 강까지 이끌고가, 쥐들이 물에 빠져죽는 이야기이다. 그런데 굴이 물속에서 소리를 들을 수 있을까? 정답은? 그렇다. 굴에게는 귀가 없지만 움직임과 균형에 관련된 감각기관을 갖추고 있다. **평형포**라는 주머니 모양의 기관으로, 내부에 감각모 그리고 움직임을 통해 소리를 탐지하는 '돌'인 **평형석**이 있다. 2017년 발표한 연구에서는, 물속에서 스피커로 3분 동안 다양한 소리를 들려줬을 때 참굴의 반응을 실험했다. 10~1,000㎐ 사이의 소리를 들었을 때, 굴은 재빨리 껍데기를 닫았고, 소리가 멈추면 다시 껍데기를 반쯤 열었다. 굴은 10~200㎐ 사이 낮은 주파수의 저음에 더욱 예민한 반응을 보였다. 해양 풍력 발전 장치, 해양 말뚝박기, 해상 플랫폼을 통한 시추 등 인간이 만들어낸 다양한 청각적 혼란이 굴의 청각 창문으로 들어왔을 테니…, 굴에게는 바다코끼리의 피리 소리가 훨씬 더 듣기 좋았을 것이다.

트위들디와 트위들덤의 이야기에서는 굴이 완벽한 피해자지만, 굴을 먹던 바다코끼리는 후회하는 모습을 보인다.

"너희들을 위해 눈물 흘리고 있어.
진심으로 너희가 가여워!" 바다코끼리가 말했지.
눈물을 펑펑 흘리며 흐느끼다가,
가장 큰 굴을 집었지,
조심스럽게 손수건을 들어
흐르는 눈물을 닦기 전에 말이야.

앨리스는 바다코끼리의 혼란스러운 심정을 느끼고 트위들디와 트위들덤에게 이렇게 말한다.

"바다코끼리가 더 나은 것 같아. 적어도 불쌍한 굴들에게 조금이라도 동정심을 느끼고 있잖아."

그러다 앨리스는, 바다코끼리 역시 굴을 먹어치웠고, 바다코끼리나 목수나 둘 다 '나쁜 인물'이라는 결론에 도달한다.

앨리스의 이런 놀라운 생각은 잠시 뒤 다루기로 하고, 한 가지 궁금한 점을 알아보자. 바다코끼리처럼, 인간이 아닌 동물이 죄의식을 느낄 수 있을까? 네덜란드의 영장류학자 프란스 더발 등 몇몇 과학자는 다른 동물에게도 도덕의 기초가 존재하며 여러 가지 방식으로 표현될 수 있다고 주장했다. 정의감, 공평성, 서열 지키기, 먹이 나누기, 서로 돕기, 다른 개체의 입장이 되어서 행동하는 능력인 공감 등으로 말이다. 하지만 어떤 실험결과는 동물의 행동을 다르게 해석하기도 한다.

세라 브로스넌과 프란스 더발이 진행한 유명한 실험을 예로 들어보자. 검은머리카푸친*Sapajus apella* 두 마리를 철책을 사이에 두고 분리한 뒤, 같은 일을 수행했을 때, 한 마리에게는 포도씨(검은머리카푸친이 가장 좋아하는 최고의 보상)를 주고, 다른 한 마리에게는 오이 한 조각(포도씨에 비하면 보잘것없는 보상)을 주었다. 부당한 대우를 받은 원숭이는 분노하며 오이 조각을 집어던졌고, 더는 실험에 협조하지 않았다. 어떻게 보면 그 원숭이는 화를 내고 토라진 것이다. 과학자들은 불공정성과 부당함에 대한 인식이 원숭이 스스로 더는 실험에 참여하지 않도록 한 것이라고 결론내렸다. 반면, 다른 학자들은 원숭이의 행동을 그저 우리가 이해한 대로, 훨씬 더 단순한 좌절이나 질투 같은 도덕 관념이 결여된 행동이라고 설명했다. 앞에서 언급한 체셔 고양이의 미소처럼, 우리의 지각이나 인간윤리에 영향을 받지 않은 채, 동물의 머

이런 겁에 질린 듯한 모습에 홀리지 마시라, 지금 당신의 개는 소파를 물어뜯은 것에 아무런 죄의식이 없으니까!

릿속에서 일어나는 일을 분석하기가 때때로 매우 어렵다.(**의인화** 때문에 인간이 자꾸만 인간 고유의 감정을 다른 동물에게 투영한다.)

이와 관련해서는 반려동물이 종종 우리의 근거 없는 해석 때문에 피해를 본다. 상징적인 사례가 있다면? 바로 개의 죄의식이다. 정원에서 가장 아름다운 꽃밭을 쑥대밭으로 만들거나 소파 방석을 물어뜯은 뒤 개가 짓는 후회의 표정을 모두 알고 있을 것이다. 축 처진 귀, 애원하는 눈빛, 굽은 등…. 분명, 개는 자신의 충동적인 행동과 그 결과에 대해 후회하고 있다. 어쩌면 아닐 수도!

미국의 학자 알렉산드라 호로비츠는 이를 확인하기 위한 실험을 했다. 실험에 참여한 개들은 모두 자기가 사는 집에서 테스트에 임했다. 주인이 아주 탐스러운 보상인 먹음직스러운 비스킷을 바닥에 놓은 뒤, 개에게 그 비스킷을 먹지 말고 움직이지도 말라고 명령한다. 고문이 따로 없다. 그러고 나서 주인은 자리를 떠나고, 개의 반응을 촬영한다는 핑계로 실험자가 개와 단둘이 남아 있다가 그 보상을 치우거나 개에게 준다. 이 상황을 모르는 주인은 돌아와서 자신이 자리를 비운 동안 개의 반응이 어땠는지를 듣고, 그 결과에 따라 개를 칭찬하거나 꾸짖는다. 몇몇 실험에서는 사실이 아님에도 개가 비스킷을 먹었다고 실험자가 거짓말을 한다. 개는 주인의 명령에 복종했음에도 꾸지람을 들었다. 반대로, 개가 비스킷을 먹었음에도 실험자가 주인에게 개가 비스킷을 먹지 않았다고 말을 하면, 주인은 개를 칭찬했다. 그래서 결론은?

개가 '죄의식을 느끼는 듯한' 표정은 먹이에 관련된 행동과 전혀 연관이 없었다. 주인의 명령을 지켰는지도 아무 영향을 주지 않았다. 오히려 '잘못했다.'는 모습은 주인의 태도와 연관이 있었다. 부당하든 아니든 주인에게 혼이 날 때 이런 모습이 나타났다. 게다가 명령에 복종했던 개에게서 이런 모습이 더 많이 나타났다.(그 개의 보상을 치웠기 때문이다.) 결백한 개가 자기가 저지르지 않은 잘못에 대해 왜 죄의식을 느껴야 하는 걸까? 실험결과는, 개가 자신이 불복종했고, 불복종했다는 사실을 알기 때문에 잘못했다는 표정을 짓는 거라는 믿음을 뒤집는 것이다.

이 실험결과를 좀 더 자세히 들여다보면 개의 죄의식은, 등을 대고 눕거나, 꼬리를 뒷다리 사이에 오게 하거나 귀를 내리는 등 순종의 의미를 나타나는 행동과 연관이 있다. 혹시 모를 벌을 예상하면서, 인간에게 보이는 관습화된 자세일 수 있다는 말이다. 개는 주인의 태도 앞에서 진정이라는 카드를 꺼내든 것이다. 죄의식은 조금도 안 느끼면서 말이다. 바다코끼리를 대상으로 한 유사한 실험은 전혀 이뤄진 적이 없지만, 굴이 동의했건 안 했건, 굴을 맛있게 먹어치운 바다코끼리 역시 어떤 죄의식도 느끼지 않았을 것이 분명하다.

이제 씁쓸함은 뒤로하고, 루이스 캐럴의 세계에서 가장 상징적인 동물과 함께 바다 산책을 마무리하자. 높이 올라보자!

눈물바다와 도도

기억을 떠올려보자. 앨리스는 모험이 시작된 초반에 흰토끼를 따라가다가 몸의 크기가 급격하게 변하고(Part 1의 2. 변태와 변화 편 참조), 끊임없이 울게 되는 부작용까지 겪는다.

이 말을 하자마자, 앨리스의 발이 미끄러졌고, 곧이어, 풍덩! 턱까지 오는 짠물에 빠져 있었다. 앨리스는 처음에 자신이 바다에 빠졌다고 생각했다. (…) 그러나 이내, 키가 275cm로 커졌을 때 자신이 흘린 눈물이 만든 바다에 빠졌다는 사실을 깨달았다.

"그렇게 많이 울지 말걸!"

앨리스가 물에서 빠져나갈 길을 찾으려고 헤엄치며 말했다.

"지금 나는 벌을 받는 거야. 내 눈물에 빠져 죽는 벌!"

헤엄을 치며 눈물바다를 빠져나가던 앨리스는 자신처럼 눈물바다에 빠져 어쩔 줄 몰라 하는 생쥐 한 마리를 만나고, 또 다른 동물들도 본다.

이제는 떠날 시간이었다. 눈물바다에 빠진 다른 동물들 때문에 눈물바다가 점점 북적이고 있었기 때문이다. 오리 한 마리, 도도 한 마리, 로리 한 마리, 새끼 독수리 한 마리 그리고 다른 신기한 동물들이 있었다.

기묘하게 조합된 이 네 마리 새들은, 1862년 7월 4일 금요일, 리델가 아이들과 함께한 강가 산책, '황금빛 오후'에서 루이스 캐럴이 처음으로 만들어서 들려준 앨리스 이야기에 등장하는 주인공들을 표현한 것이다. 작가는 책 서문에도 이 사실을 언급했다. 로리는 호주가 원산지인 작은 앵무새로, 55개 이상의 종이 속한 로리앤 로리키트과의 새를 가리킨다. 이 가운데 가장 유명한 새는, 레인보우 로리키트*Trichoglossus moluccanus*로 이름에서 드러나듯 다채로운 색을 가졌다. 동물원에서 점점 더 많이 볼 수 있는 이 새는 동물원 방문객이 내미는 컵 안의 과즙을 먹기도 한다. 이야기에 등장하는 로리는 리델의 세 자매 중 큰 언니인 로리나를 떠올려 만들었다. 앨리스에 대한 로리의 첫 반응에서 이를 어렵지 않게 추측해볼 수 있다.

"내가 너보다 나이가 많으니까, 어떻게 해야 하는지 너보다 더 잘 알아."

새끼 독수리(원작에서는 이글릿eaglet)는 세 자매 중 막내인 이디스를 가리키고, 오리는 다름 아닌, 작가의 친구이자 동료 교사인 성공회

진짜 이상한 조합

사제 로빈슨 더크워스('duck'은 오리라는 뜻)다. 마지막으로 도도는 찰스 럿위지 도지슨 본인을 나타내는데, 간혹 말을 더듬다가 자기 이름을 "도도-도지슨"이라고 발음하는 것 같을 때가 있었기 때문이다.

이야기 속에서, 도도는 짠 바다에서 나온 뒤, 앨리스와 다른 동물들에게 몸을 말릴 수 있는 참신한 해결책을 제안한다.

"내가 하려는 말은, 우리 몸을 말리기에 가장 좋은 방법은 바로 코커스 경주라는 거야."(Caucus Race, caucus는 정당 간부들의 회의를 뜻한다.)

참가자는 아주 혼란스럽게 원형 달리기를 시작했고, 각자의 상상에 따라 끝이 난다. 이 밑도 끝도 없는 '원형' 댄스 장면을 통해 루이스 캐럴은 정치인의 무능을 비판한 것이라 추정된다. 확실한 건, 코커스 경주에 참여하는 게 몸을 말리는 최고의 방법은 아니라는 사실이다. 로리, 새끼 독수리, 오리는 몸이 젖지 않는 게 제일 중요하다. 물에 젖은 깃털 때문에 무거워진 상태로는 절대 날아오를 수 없기 때문이다. 물새들은 더더욱 그렇다. 더군다나 물새들은 꼬리 쪽에 있는 **미지선**에서 나오는 지방질 및 밀랍 분비물을 이용해 깃털의 방수를 유지하는 데 시간을 끝없이 할애한다. 이렇게 깃털에 윤을 내면, 깃털이 몸의 열을 유지해주고 수면에 떠 있게 해준다.

가마우짓과의 새를 비롯한 몇몇 새는 코커스 경주보다는 덜 적극적인 건조기술을 사용한다. 햇빛에 날개를 활짝 펼치는 것이다. 이런 독창적인 행동은 과학자들의 상상력을 자극했고, 과학자들은 차례로 이 행동의 기능을 설명하기 위한 여러 가지 가설을 내세웠다. 성공적인 물고기 사냥을 다른 개체에게 알리거나, 몸의 균형을 잡거나, 체온을 조절하거나, 방금 잡은 물고기 삼키는 것을 도와준다는 등의 내용이다. 땅에서 새를 관찰해보면 대부분의 가설을 배제할 수 있다. 사실, 이 행동은 새의 깃털이 축축할 때만 관찰되었고, 물에 있던 시간이 길수록 건조 시간도 늘어난다. 게다가 풍속이 높아지면 가마우짓과 새가 날개를 펼치는 시간은 짧아졌다. 이들은 해변에서 여유롭게 태닝을 즐기는 것이 아니라, 날개를 펼쳐서 잠수장비를 손보는 것이다.

이 챕터의 스타라고 할 수 있는 주인공 도도에 대해 잠시 살펴보고 가자. 이제는 사라진 도도는, 인도양의 마다가스카르 해안 동쪽에 있

도도와 가마우지, 각자 자신에게 맞는 깃털 말리기 기술이 있다!

는 마스카렌 제도(레위니옹섬, 로드리게스섬과 작은 영토들을 포함함)에 속하는 모리셔스섬의 고유종이었다. 이 섬들은 1500년대 초에 유럽인에 의해 알려졌고, 1598년, 네덜란드 선원들이 오랜 항해 중 식량 및 필수품 보급을 위해 이 섬에 들렀을 때 최초로 도도의 존재를 언급했다.

굼뜬 걸음걸이와 살짝 통통한 몸집, 날지 못하는 모습은 금세 동물계에서 조롱의 대상이 됐다. 프랑스어로 '모리셔스섬의 도도*Raphus cucullatus*'인 이 새는, 새의 무기력한 태도에서 영감을 받아 빠르게 '도도'라는 명칭을 얻게 되었다. 이름의 어원은 확실히 밝혀지지 않았지만,

네덜란드어 dodoors(게으름뱅이)나 옛 포르투갈어 doudo(미친 또는 어리석은)에서 파생된 이름으로 추측해볼 수 있다. 좀 더 활기찬 느낌의 다른 네덜란드어 dodaars(묶은 엉덩이)가 변형됐다는 이야기도 있다. 이 단어는 도도의 엉덩이 부분 깃털을 떠올리게 한다. 라틴어로 된 학명도 조롱이 조금 담겨 있다. 프랑스의 동물학자 마튀랭 자크 브리송(1723~1806)은 도도가 느시[15]와 같은 부류라고 생각해서 이 새를 지칭하는 라푸스*Raphus*를 속명으로 지었다. 린네는 쿠쿨라투스*cucullatus*라는 종명을 지었는데 이는 '복면'이라는 뜻으로, 도도의 얼굴에 있는 마스크 같은 모양을 참조해 붙인 이름이다. 린네는 나중에 별로 유쾌하지 않은 이름을 새롭게 지었지만, 분류학에서는 시간상 먼저 지은 학명이 우선시되는 관계로, 새로운 이름은 사용되지 않았다. 디두스 이넵투스*Didus ineptus*[16]라니 어쨌든 별로다.

아무튼, 우리의 도도는 회색빛의 둥그런 새로 키는 60cm 정도, 무게는 9.5~14.3kg 정도로 묘사가 된다. 도도는 비둘기 그리고 멧비둘기처럼 비둘깃과의 새다. 도도는 뉴기니섬의 고유종인 관비둘기*Goura cristata*와 비교해볼 만하다. 관비둘기는 현존하는 비둘깃과의 새 가운데 가장 큰 새로, 거의 날지 않고, 머리 위에 나 있는 깃털 뭉치가 특징이다.

도도와 유전적으로 가장 가까운 새는 니코바르 비둘기*Caloenas nicoba-*

15 두루미목 느시과의 새

16 라틴어로 '어리석은 친구'라는 뜻

*rica*로, 목둘레에 길게 뻗은 깃털이 영롱하게 반짝인다. 도도의 고기가 훌륭하지는 않지만(선원들은 도도를 '역겨운 새'라고 이름 붙였는데, 고기가 가죽처럼 질겨서 몇 시간 동안 익혀도 그다지 맛이 없었기 때문이다.) 식용이 가능했고, 인간을 무서워하지 않으며 날지도 못해서 잡기 쉬운 먹잇감이었다. 도도의 개체수는 급격히 줄어들었고, 새의 알과 새끼를 유난히 좋아하는 마카크원숭이, 쥐, 돼지, 개 등의 가축이 섬에 들어오면서 개체수 급감에 일조했다. 1662년에서 1693년 사이, 유럽인들이 처음 발견한 지 채 100년도 되지 않아, 도도는 멸종하고 만다.

잘 알려지지 않았지만, 도도보다 조금 덜 유명한 친척 새가 이웃한 로드리게스섬에서 살았다. 로드리게스 솔리테어*Pezophaps solitaria*라는 새인데 도도와 비슷한 운명을 겪었다. 이 비밀스런 새에 대한 정보는 거의 없으나, 도도처럼 날지 못했고, 백조에 버금가는 큰 몸집이었다. 그래도 이 새는 도도와는 달리 우아하게 묘사됐다. 과학자들이 뼈를 분석한 결과, 솔리테어의 수컷은 키가 79cm, 암컷은 66cm 정도로 두 성별 사이에 상당한 키 차이가 있었다.

이런 현상을 **성적 이형성**이라 한다. 이 새에 대한 대부분의 증언은 자연 과학자이자 탐험가였던 프랑스인 프랑수아 르구아의 수첩에 적힌 내용이다. 그는 낭트 칙령 폐지 이후 유배돼 1691~1693년 사이 로드리게스섬에서 살았던 **위그노**(프랑스 개신교도)다. 르구아의 기록은 매우 귀중하다. 살아 있는 솔리테어를 관찰한 거의 유일한 내용인데다가 오늘날까지 무사히 보존됐기 때문이다. 로드리게스 솔리테어는 1730년에서 1760년 사이, 도도가 사라지고 얼마 지나지 않아 복합적인 이유 때문에 멸종한 것으로 추정된다. 당시에 선원들은 매우 열성적으로 자이언트 육지거북을 사냥했고(그래서 이 섬의 육지거북은 이 시기 이후 사라졌다.) 거북이 숨지 못하게 하려고 수풀을 불태웠으며, 동시에 솔리테어의 서식지도 파괴했다. 솔리테어를 도도의 불행한 운명으로 밀어넣고 있는 상황에서 가축의 등장 역시 큰 타격이었다.

도도가 금방 멸종했기 때문에, 생활방식을 알아내기는 어렵다. 도도는 어떻게 울었을까? 수컷과 암컷이 함께 살았을까? 알 수 없다. 사람들이 도도를 붙잡아 배로 이동했으므로 분명 기록한 이들이 있을 텐데도, 도도에 대한 증언은 놀라우리만큼 적다. 선원들이 그린 몇몇 그림이 아직까지 남아 있고, 그 그림이 귀중한 자료임에는 틀림없지만, 자연과학적 디테일은 가혹하리만큼 부족하다.

그래도 2017년에 발표한 조사 결과에서 실마리를 얻을 수 있었다. 조사에서는 그나마 남아 있던 흔적인 도도의 뼈를 분석했다. 뼈를 자른 뒤 단면을 현미경으로 관찰한 결과, 동물의 발달과정에서 나타나는 '휴지기'에 해당하는 성장 정지선이 발견됐다. 앞에서 이야기했던 굴껍데기의 선처럼, 뼈의 정지선에서 도도의 단계별 생애를 읽을 수 있다. 과학자들은, 사이클론의 위험이 최고조에 달하는 남반구의 여름(11월에서 3월) 동안 성장의 둔화가 있었다고 생각한다.

뼈의 단면은 털갈이 시기도 알려준다. 새들은 털을 새로 바꾸기 위해 몸에 저장된 칼슘을 가져다 쓰는데, 이 때문에 뼈 내벽 안에 작은 흡

수 구멍들이 생긴다. 이러한 단서 덕분에 과학자들은 도도의 털갈이가 남반구 여름 직후에 시작된다는 사실을 추정할 수 있었다. 도도들은 폭풍우와 식량부족을 이겨낸 뒤 외모를 가꾸고 있었던 것이다. 학자들은 이 기술을 이용해서 산란이 이뤄진 시기도 알아냈다. 암컷 도도는 알껍데기에 필요한 칼슘을 배란기에 비축해두기 때문이다. 이게 다가 아니다. 뼈의 단면은 어른 도도와 청소년 도도를 구분하게 해준다. 그렇다, 젊은 새는 뼈의 구조가 어른 새와 똑같지 않았다. 그래서 일 년 동안의 생애주기를 추정할 수 있었다. 아기 도도는 현재의 비둘기처럼 매우 빠르게 성장하여 단 두 달 만에 부모에 견줄 만한 크기까지 자랐다. 뼈가 말을 할 수 있다면, 할 말이 참 많을 것이다.

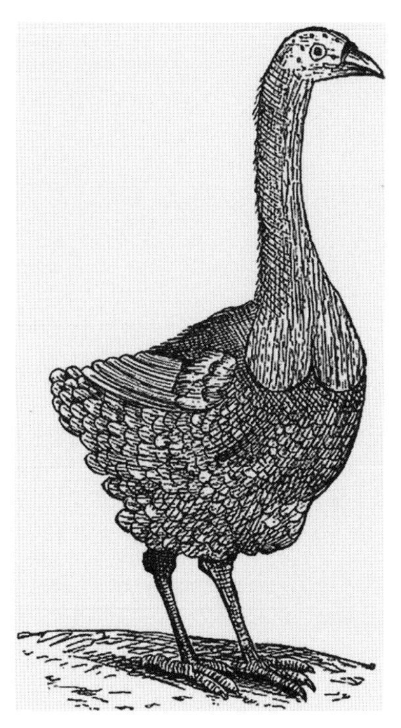

프랑수아 르구아가 그린 솔리테어 새(1708)

그런데 거의 200년 전에 사라진 도도가 어떻게 앨리스의 모험에 등장했을까? 정답은 아주 간단하게 한 단어로 말할 수 있다. 바로 옥스퍼드. 옥스퍼드에서 수학을 가르쳤던 작가 찰스 럿위지 도지슨은 리델의 딸들을 정기적으로 애슈몰린박물관(박물관을 설립할 수 있도록 수집품을 기증한 골

동품 연구가 일라이어스 애슈몰의 이름을 따서 박물관 이름을 지음)에 데려갔기 때문이다.

옥스퍼드대학 내에 설립된 박물관은 1683년 일반 대중에게 문을 열었다. 애슈몰린박물관은 영국 최초의 공립박물관이자 최초의 대학박물관이다. 애슈몰의 수집품 중에는 동물표본이 아주 많았는데, 존 트레이드스캔트 부자가 사망한 뒤 일명 '트레이드스캔트의 방주(Tradescant Ark)'라는 그 유명한 '호기심의 방'[17]을 물려받았다가 기증했기 때문이다. 이 놀라운 박물관에는 피부와 깃털이 그대로 보존된 도도 한 마리도 있었다. 안타깝게도, 당시 박물관의 안전 및 전시물 보호규정이 오늘날과는 달랐다.

표본은 조심성 없는 방문객들뿐만 아니라 굴뚝 연기와 먼지 때문에 손상되어 빠르게 상태가 나빠졌다. 그리고 우리의 도도는 원칙대로 박제되지도 않았다. 벌레의 공격을 막기 위한 수은이나 비소도 없었고(1800년대 중반부터 사용했던 방법. 그렇다. 박제사들 역시 '모자 장수처럼 미쳤다'고 할 수 있다.) 가죽의 지방도 제대로 무두질되지 않았다. 그 결과, 표본은 손상됐다. 표본 상태가 너무 나빠진 나머지 1755년 1월 8일, 수집품 연례 검사에서, 도도의 표본은 보수가 불가능할 정도로 손상됐다는 판정을 받았다.

현재, 도도 표본은 머리와(머리의 반은 피부와 눈이 보존돼 있지

17 16~17세기에 유럽에서 유행한 진귀한 물품을 모아둔 공간

1870년에 완성한 도도 판화, 룰란트 세이버리의 '에드워드의 도도' 그림(1626)을 바탕으로 만들었다. 존 테니얼이 모델로 삼은 그림이다.

만 나머지 반은 해골 상태이다. 1847년 해부학 교수 헨리 애클랜드가 해부를 했기 때문이다.) 다리 하나(해골 상태), 깃털 하나 그리고 피부 조각 몇 개만 남아 있다. 이것이 그나마 가장 잘 보존된 도도의 유물이다. 그래도 지금 옥스퍼드대학교 자연사박물관에 가면, 루이스 캐럴과 앨리스가 그 시대에 그랬던 것처럼, 도도의 복제품을 감상할 수 있다. 그 옆에는 체형이 관대하게 표현됐고, 도도를 전설의 새로 만드는 데 기여한 얀 세이버리와 조지 에드워드의 유명한 도도 그림이 걸려 있다.

도도에 대한 지금의 관심을 고려하면 믿기 힘든 일이지만, 도도가 멸종됐다고 예상되는 시기부터 1865년까지 이 새는 사람들의 기억에서 조금씩 지워져 갔다. 1865년, 모리셔스섬의 고고학 발굴 현장, 마르오송쥬(루이스 캐럴의 눈물바다와 멀지 않다.)[18] 에서 도도의 화석잔해가 여러 개 발견된 것이다. 모리셔스섬의 발굴 현장에는 어마어마하게 많은 유물이 매장돼 있어서, 계속해서 새로운 뼈를 발견하고 있다.(2005년에서 2011년 사이 300개의 새로운 도도 표본이 발굴됐다.)

18 Mare-aux-Songes, 해석하면 '꿈들의 바다'

새로운 표본이 발굴된 뒤로, 도도에 대한 관심이 다시 시작됐고, 박물관마다 표본을 원했다. 현재, 도도의 뼈는 세계 여러 곳의 박물관에 흩어져 있지만, 온전한 형태는 매우 드물다. 가장 완전한 형태의 뼈는 모리셔스섬의 포트루이스와 남아프리카 공화국의 더반 두 곳에 있다. 박물관에 보관된 나머지 뼈 대부분은 사실 '혼합'됐다. 완전한 하나의 개체를 만들려고, 각기 다른 개체의 뼈를 퍼즐처럼 조합했는데, 부족한 부위가 생기면 다른 뼈로 대신하거나 아예 다른 조류 종에 속하는 뼈로 모양을 맞춰서 넣기도 했다. 아주 난리법석이다. 프랑스에서 도도의 남겨진 뼈를 보고 싶다면, 파리, 오를레앙, 라로셸의 자연사박물관과 엘뵈프의 파브리크데사부아[19] 박물관, 리옹 콩플뤼앙스박물관 또는 레위니옹섬의 생드니 자연사박물관에 가면 된다.

『이상한 나라의 앨리스』는 당시 도도를 모르는 아이가 없을 정도로 성공을 거뒀다. 작품에 대한 열광은 시대와 국경을 초월했고, 전 세계 모든 가정에 이 신기한 동물이 자리하게 됐다. 1800년대 말에는 영국인들이 "dead as a dodo.(도도새처럼 죽은)"라는 표현을 사용하기 시작했다. 돌이킬 가능성이 아예 없는 완전히 죽은, 시대에 뒤처지는 사람이나 사물을 지칭하는 표현이었다. 도도는 '앨리스' 책의 성공을 누렸고, 지금까지도 대중문화 작품에 구현되고 있다. 영국의 록그룹 제네시스는 '도도'라는 노래를 작곡하기도 했는데 생생한 가사가 인상적이다.

19 Fabrique des savoirs, 지식 공장이란 뜻

"Too big to fly, dodo ugly, so dodo must die.(날기에는 너무 커, 못생긴 도도, 그러니 도도는 죽어야 해.)"

해리포터 세계를 창조한 J.K.롤링은 『신비한 동물사전』에서 디리코울에 대해 언급한다. 디리코울은 머글[20]에게 도도로 알려진 새로, 위험이 닥치면 사라질 수 있는 능력이 있다. 모리셔스섬의 상징인 도도는 유명 어린이 TV프로그램에도 등장했다. 1983~1986년 스위스의 TV에서 방영된 베르나르 피숑의 〈포동포동 도도(Dodu dodo)〉, 크리스티앙 졸레르가 제작해 프랑스에서 방영된 환경교육 애니메이션 〈도도의 귀환(Dodo le retour)〉에 등장한다.

가장 최근에는, 2002년 개봉된 블루스카이 스튜디오의 〈아이스 에이지〉에서 (인기는 많지만) 멍청하고, 사회적이며, 복수심에 불타고, 수박을 좋아하는 도도 무리가 등장했다. 2020년 출시돼 성공을 거둔 닌텐도 스위치의 〈모여봐요 동물의 숲〉 게임에도 도도 두 마리가 존재하는데, 바로 '도도항공' 직원으로 공항에서 일하는 모리와 로드리이다. 도도의 성공은 쉽게 수그러들지 않을 듯하다.

도도는 사람들에게 호감을 주는 온화한 인상과 재미있는 발걸음을 가졌지만, 사실 실패의 상징이다. 인간의 식민지화 때문에 큰 대가를 치른 동물의 대표주자이기도 하다.

찰스 럿위지 도지슨의 어설픈 아바타보다 유명하지도 않고 그만큼

20 해리 포터 시리즈에서 마법 능력이 없는 보통 인간을 이르는 말

앨리스와 도도. 존 테니얼이 그린 이 그림에서 도도는 사람의 손과… 지팡이를 갖고 있다!

사랑받지도 못했지만, 또 다른 '그림자 속 도도'들도 같은 시대에 멸종했다. 로드리게스섬, 모리셔스섬, 레위니옹섬의 자이언트 거북, 큰바다쇠오리, 노퍽카카(뉴질랜드 케아 앵무의 사촌 격인 앵무새), 포클랜드 제도의 늑대, 자메이카의 자이언트 도마뱀, 파란영양(길고 뾰족한 뿔을 가진 아프리카 영양), 몸의 앞부분에만 줄무늬가 있는 사바나 얼룩말의 아종인 콰가 등이 모두 19세기에 사라졌다. 하지만 불행하게도, 과거만의 일이 아니다. 지금도 멸종위기 동물이 존재한다. 사람들은 으레 더 크고, 더 카리스마 넘치고, 더 아름다운 동물들, 호랑이, 오랑우탄, 북극곰, 코끼리 등을 생각한다.

세상에서 제일 희귀한 새 카카포. 과연 얼마 동안 더 볼 수 있을까?

그런데 다른 동물들은 어떨까? 도도처럼 날지 못하는 뉴질랜드의 녹색 앵무인 카카포*Strigops habroptila*는 현재 201개체밖에 남지 않아 엄격한 보호를 받고 있고, 애니메이션 〈리오〉의 주인공인 스픽스금강앵무*Cyanopsitta spixii*는 야생에서 목격된 마지막 수컷이 2000년에 사라졌다. 또한, 안테키누스속의 여러 종처럼, 우리가 흔히 잊고 있는 생쥐 크기의 작은 오스트레일리아 유대류는 산불이 발생할 때마다 생존을 위협받는다.

영영 사라진 동물도 있다. 양쯔강의 고유종인 양쯔강돌고래*Lipotes vexillifer*는 2007년에 공식적으로 멸종이 발표됐고, 크리스마스섬집박쥐*Pipistrellus murrayi*는 2009년에 사라졌으며, 역시 섬의 고유종인 크리스마스섬숲도마뱀*Emoia nativitatis*도 2017년에 멸종 선언됐다. 인구 대폭발(지구에 80억 명에 가까운 사람들이 산다.)과 계속되는 인간의 개발활동(도시화, 산림벌채, 화석연료 소비)은 기후 온난화를 야기했고,

우리를 둘러싼 동식물은 생활면적이 점점 줄어갔다. 이제 우리가 나서서, 멸종동물 목록이 더는 늘어나지 않도록 동식물에게 필요한 공간을 내어주자.

6
앨리스와 동물들

가축들

앨리스가 모험하는 동안 만나는 많은 기이한 존재 중에는 반려동물과 꽤 닮은 동물도 있다. 예를 들어, 거대한 강아지가 앨리스와 함께 놀고 싶어 했지만 앨리스는 강아지 발에 밟힐까 무서워 피한다. 앨리스는 도망치고 나서야 강아지에게 무엇이라도 가르쳐주지 못한 것을 후회했다.

앨리스는 겉모습이 변하고 인간에서 가축으로 변하는 더욱 놀라운 두 인물도 만난다. 먼저, 공작부인의 아기는, 엉엉 울고 있는 모습에 측은한 마음을 느낀 앨리스가 안고 달래는 중에 돼지로 변하고 울음소리도 꿀꿀거리는 소리로 바뀐다. 『거울 나라의 앨리스』에서도 같은 일이 벌어진다. 하얀 여왕은 매 하고 울다가 양으로 변하고는 뜨개질을 하며 시간을 보낸다. 여왕은 돼지와 다르게, 동물 모습을 하고 집안일을 하면서도 계속 사람처럼 말을 한다.

찰스 다윈이 1859년 발표한 『종의 기원』에서 설명한 것처럼, 작가 역시 공통된 조상을 가진 인간과 다른 종의 동물 사이의 연속성에 영감을 받았던 것일까? 단정하기는 어렵다. 그렇지만 여왕(물론 체스 말이긴 하지만)을 포함한 사람 주인공들이, 반려동물보다 안 좋게 평가되는 농장 동물로 변하는 모습을 보는 것은 재미있다.

1권 마지막 부분의 재판 장면에는 기니피그*Cavia porcellus*가 등장하는데, 이들은 다소 거친 방식으로 질책을 당하는 역할이다. 기니피그 한 마리가 박수를 치자, 경비원들이 기니피그의 머리부터 자루를 씌워 묶어버리고 그 위에 앉았다. 작가는 그 과정을 정확하게 설명했고, 앨리스 역시 현장을 직접 보고, "*그 시도는 경비원들에 의해 즉각적으로 진압됐다.*"라는 말의 뜻을 좀 더 잘 이해한 것에 만족했다고 말한다. 두 번째 기니피그의 박수 역시 제압당하자, 앨리스는 재판을 방해하는 기니피그들이 사라져서 "*재판이 좀 나아지겠다.*"라고 생각한다. (남아메리카와 아프리카 등) 세계 여러 곳에서 식용고기로 사육되는 기니피그는, 1532년 스페인이 페루를 식민지로 삼으면서 유럽에 소개됐고, 18세기부터 많은 사랑을 받는 반려동물로 자리매김했다. 이야기에서 기니피그의 역할이 매우 부수적이긴 하지만, 앨리스가 더 많은 관심을 보이지 않는다는 점은 조금 놀랍다.

앨리스에게 가장 많은 호감을 얻고, 두 번째 모험에서 지배적인 역할을 하는 가축은 바로 고양이인데, 그 주인공은 첫 번째 책에 잠시 언급된 다이나와 다이나의 두 딸이자 두 번째 책에 등장하는 아기 고양이 스노드롭과 키티다. 앨리스는 눈물바다에 빠진 다른 동물들에게 다이나를 이렇게 소개한다.

"그런데 다이나가 누군지 물어봐도 될까?"

로리가 물었다. 앨리스는 자신이 좋아하는 것은 언제든 말할 준비가 돼 있었기 때문에 흔쾌히 대답했다.

"다이나는 우리 고양이야. 생쥐 잡는 데는 우리 고양이를 따라올 게 없지. 게다가! 너희도 다이나가 새 사냥하는 걸 보면 좋을 텐데! 너희 같은 새를 보면 말할 틈도 없이 잡아먹는다니까!"

앨리스의 열정적인 설명에 주위에 있던 동물은 목숨을 잃을까 두려움에 떨었을 것이다.

지금은 고양이가 가정에서 아주 인기지만, 항상 그랬던 것은 아니다. 중세시대에는 고양이를 마녀와 악마의 동반자로 여겨서 기피했다. 14세기 중반에 이르러, 흑사병이 유행하자(1346~1350) 고양이가 벼룩을 통해 병을 옮기는 쥐를 없애는 데 도움이 되고 쓸모가 있다는 점이 알려졌다.

빅토리아시대에 루이스 캐럴의 동시대인들은, 동물을 사랑하기로 소문난 빅토리아 여왕에게 자극을 받아 다시 유행처럼 고양이를 좋아하게 됐다. 1871년, 고양이를 사랑한 삽화가 해리슨 위어는 최초의 고양이 전용 박람회를 열어, 선택된 몇 종을 자랑스럽게 전시했다. 물론, 위어는 나중에 몇몇 고양이 주인의 태도와 박람회 당시 동물복지가 전혀 고려되지 않았던 점을 유감스러워했지만, 전시회는 대중에게 고양이에 대한 호의적인 관심을 증폭시키는 계기가 됐다.

오늘날, 고양이는 가장 인기 있는 반려동물이다. 2018년, 프랑스 반려동물 식품제조인 연맹(FACCO)에서 시행한 연구에 따르면 현재 사람과 함께 살고 있는 고양이는 1,420만 마리로 추산되며, 그 수는 꾸준히 증가하고 있다.(2000년에는 반려묘 수가 976만에 불과했다.) 고양이의 **순화**는 여전히 미스터리로 남아 있지만(고양이를 가축이라고 여길 수 있을까?) 한 가지는 확실하다. 많은 개가 순화과정을 거친 뒤 홀로 사냥할 수 없게 되었지만, 고양이는 아주 효과적인 포식자로 남았다는 사실이다.

그러나 고양이 개체수의 증가는 동물상[21]에 걱정스러운 결과를 가져왔다. 순화된 고양이들(반려묘나 야생으로 돌아간 고양이들)의 사냥으로 인한 영향을 정확하게 수치화하기는 힘들지만, 파리의 국립자연사박물관(MNHN)과 프랑스 포유류 연구 및 보호연합(SFEPM)이 2015년에 공동으로 한 조사에서 몇 가지 실마리를 찾을 수 있다. 반려묘 주인 4,000명의 진술을 취합한 결과, 고양이들의 포식이 15년 동안 50% 증가했는데, 이는 개체수 증가와 밀접한 연관이 있었다. 그러나 고양이와 생명다양성이 공존할 수 있는 간단한 방법이 있다. 정원정비, 고양이 외출제한 및 중성화 등인데 이미 벨기에 등 몇 나라에서는 2017년부터 이런 사항이 의무화됐다.

『거울 나라의 앨리스』에서 앨리스는 두 마리 새끼 고양이와 이야기를 하고 놀이를 한다. 이 그림에서는 검정 새끼 고양이 키티를 들어올리고 있다.

21 특정 지역이나 수역에 살고 있는 동물의 모든 종류

그렇다면 야생동물들은?

앨리스는 고양이나 개처럼 자신이 잘 아는 동물에게는 관심을 보이지만, 물리는 게 무서운 곤충 등 다른 동물에 대해서는 조금 망설인다.(앨리스는 커다란 곤충을 무서워한다고 털어놓지만, 각다귀에게 무는 곤충인지 묻는 것은 주저한다.) 첫 번째 책의 후반부, 하트 여왕이 개최한 크로케 경기에 등장하는 동물은 부수적인 역할만 한다. 게다가 이야기에서는 매운 드문 경우인데, 동물은 말을 하지 않고 실용적인 기능만이 강조됐다. 여왕의 경기에서는 살아 있는 고슴도치가 공이고, 공을 치는 나무망치는 살아 있는 플라밍고가 대신한다.

사실 『땅속 나라의 앨리스』에서는 플라밍고 대신 타조가 나왔으나, 존 테니얼에게는 충분히 그럴듯하지 않았던 모양이다.(플라밍고는 제격이었고!). 본문에서 플라밍고는 모든 문제의 원인이다. 고슴도치 '공'을 쳐야 하는 순간 플라밍고가 가만히 있기를 거부해 앨리스는 웃음이 터져버리고, 그 사이 플라밍고는 경기장 밖으로 날아가려 하는데, 고슴도치들은 몸을 펴고 경기장을 돌아다니다 서로 싸운다. 결국, 야생동물은 다른 동물보다 주인공인 앨리스와 거리가 있다고 생각해 볼 수 있다. 야생동물과는 대화가 불가능하고 그들을 통제하는 것도 힘들다는 사실을 보여주는 것이다.

앨리스와 교감하는 또 다른 야생동물은 아기 사슴이다. 아기 사슴은 『거울 나라의 앨리스』에서 앨리스가 모든 것에 이름이 없는 숲을 지날

앨리스는 플라밍고 그리고 아기 사슴과 신체접촉을 하지만, 두 동물과 동일한 관계를 맺지 않는다는 점은 명확히 드러난다. 또한, 왼쪽 그림을 보면 앨리스의 한쪽 발이 거만한 느낌으로 크로케 경기의 고슴도치 공 위에 올라가 있다.

때 등장한다. 앨리스는 몇 걸음을 걷다가 이내 자기 이름을 잊어버리고 자신이 어린 여자아이라는 사실도 잊는다. 아기 사슴이 앨리스에게 질문하고, 둘은 함께 숲속을 걷는다. 그러다 자신들이 누군지 알아차린 순간은 앨리스에게는 속상한 시간이다. 앨리스가 *"사슴의 목을 팔로 다정하게 감싸안고"* 걷고 있을 때, 갑자기 사슴이 기쁘게 소리치며 자신이 아기 사슴이라는 것을 알아채고, 곧바로 이렇게 말하기 때문이다.

"세상에, 너, 너는 인간의 아이잖아!"

놀란 아기 사슴은 아름다운 갈색 눈망울을 더 크게 뜨더니 곧바로 전속력으로 뛰어 도망갔다.

이 부분은 야생동물과 인간의 공존이 불가능하다는 사실을 잘 보여준다. 오랫동안 인간과 동물 사이에 존재해온 갈등과 부조화는 서로의 교감과 평온한 관계를 가로막는 벽이다.

먹거나 먹히거나

『이상한 나라의 앨리스』에서 음식은 꽤나 중요한 역할을 한다. 몸의 크기를 변하게 하는 액체, 비스킷, 버섯을 맛본 일 외에도, 작품의 여러 부분에서 앨리스가 먹을거리에 많은 관심을 보인다. 『거울 나라의 앨리스』에서 각다귀에게 곤충에 관해 물을 때도, 앨리스는 오직 한 가지 질문뿐이다.

"그 곤충들은 뭘 먹지?"

먹이사슬에 대한 이런 집착은, 앨리스가 모험 중에 만나는 '실제' 동물들과 앨리스가 맺는 관계에 대한 중요한 사실을 드러낸다. 그 동물들과 한창 대화를 나누고 있는 와중에, 앨리스는 여러 번이나 말을 멈추었다가 다시 이어가는데, 대화를 나누는 상대방을 이미 먹어본 적이 있다는 사실을 자꾸만 말해버리기 때문이다. 처음으로 그런 상황이 발생한 것은, 비둘기가 앨리스를 자신의 알을 노리는 뱀으로 생각하고, 둥지를 지키려 공격할 때이다. 화가 난 비둘기의 질문 공세에 앨리스는 너무나 솔직하게 *"알을 먹는 거라면, 여자아이들도 뱀 못지않게 많이 먹긴 해."*라고 대답한다. '모조' 거북이 앨리스에게 바닷가재를 만나본 적이 있냐고 물었을 때도 같은 반응을 보인다. *앨리스는 급하게 하던 말을 멈추고는 "아니, 없어."라고 답했다.* '모조' 거북이 대구에 관해 물었을 때도 똑같았다. *"응, 많이 봤지, 저녁식사…."라고 답하다가 앨리스는 급히 말을 멈췄다.*

『거울 나라의 앨리스』에서는 앨리스의 사고방식이 완전히 바뀐 듯한 모습이다. 바다코끼리와 목수, 그리고 결국 잡아먹혀버린 굴의 운명에 관한 이야기를 들은 뒤 앨리스는, 불행한 연체동물을 가엾게 여긴 바다코끼리가 목수보다 낫다고 말했기 때문이다. 앨리스는 굴을 먹어버린 두 인물에 대해 분노하고, 그들의 행동에 기분이 상하는데, 이는 예전에 앨리스가 가졌던 생각에 역행한다. 앨리스가 채식주의자라도 된 걸까? 또 다른 놀라운 장면은 앨리스가 습관의 변화와 성찰을 시작하는 모습을 보여주는 장면이다. 두 번째 책 막바지에서, 여왕이 된 앨리스는 붉은 여왕과 하얀 여왕이 자리한 대연회에 참석한다. 앨리스가 자리에 앉자, 음식으로 양고기 다리가 나온다.

> *"조금 부끄러운 모양이구나. 여기 있는 양다리를 소개해주마. 앨리스, 이쪽은 양이다. 양아, 이쪽은 앨리스다." 붉은 여왕이 말했다.*
>
> *그러자 양의 다리가 접시에서 일어나 앨리스에게 목례를 했다. 앨리스는 이 상황을 무서워해야 할지, 재밌어해야 할지 모른 채, 인사했다.*
>
> *"고기를 좀 잘라드릴까요?"*
>
> *앨리스가 나이프와 포크를 들고 두 여왕을 번갈아 쳐다보며 물었다.*
>
> *"절대 안 되지. 인사를 나누고서 상대방을 잘라버리는 건 예의가 아니니라.*

양고기를 치워라."

붉은 여왕이 매우 단호한 투로 말했다.

당황스럽지 않은가?

루이스 캐럴이 동물학보다 수학적 논리에 치우쳤다고 하더라도, 육류 소비와 관련된 다양한 이야기는, 그 시대에 이미 나타나고 있던, 다른 동물에 관한 인간의 생각 변화를 반영한 것으로 보인다.

사실, 동물보호에 대한 의미 있는 첫 시도는 19세기 유럽에서 시작됐다. 영국의회에서는 세계 최초로 동물보호법을 도입했다. 가축학대에 반대하는 아일랜드 의원 리처드 마틴이 제안한 법이 1822년에 채택된 것이다. 마틴 의원은, 노예제도 폐지론자인 성직자 아서 브룸, 윌리엄 윌버포스와 함께 1824년에 동물보호단체(Society for the Prevention of Cruelty to Animals, RSPCA)를 설립하기도 했다. 프랑스에서는 1850년 7월 2일, 가축을 공개적으로 학대하는 사람을 처벌하는 그라몽법이 채택됐다. 인기가 높았던 개싸움과 닭싸움은 금지됐고, 사람들의 사고방식도 조금씩 바뀌어갔다.

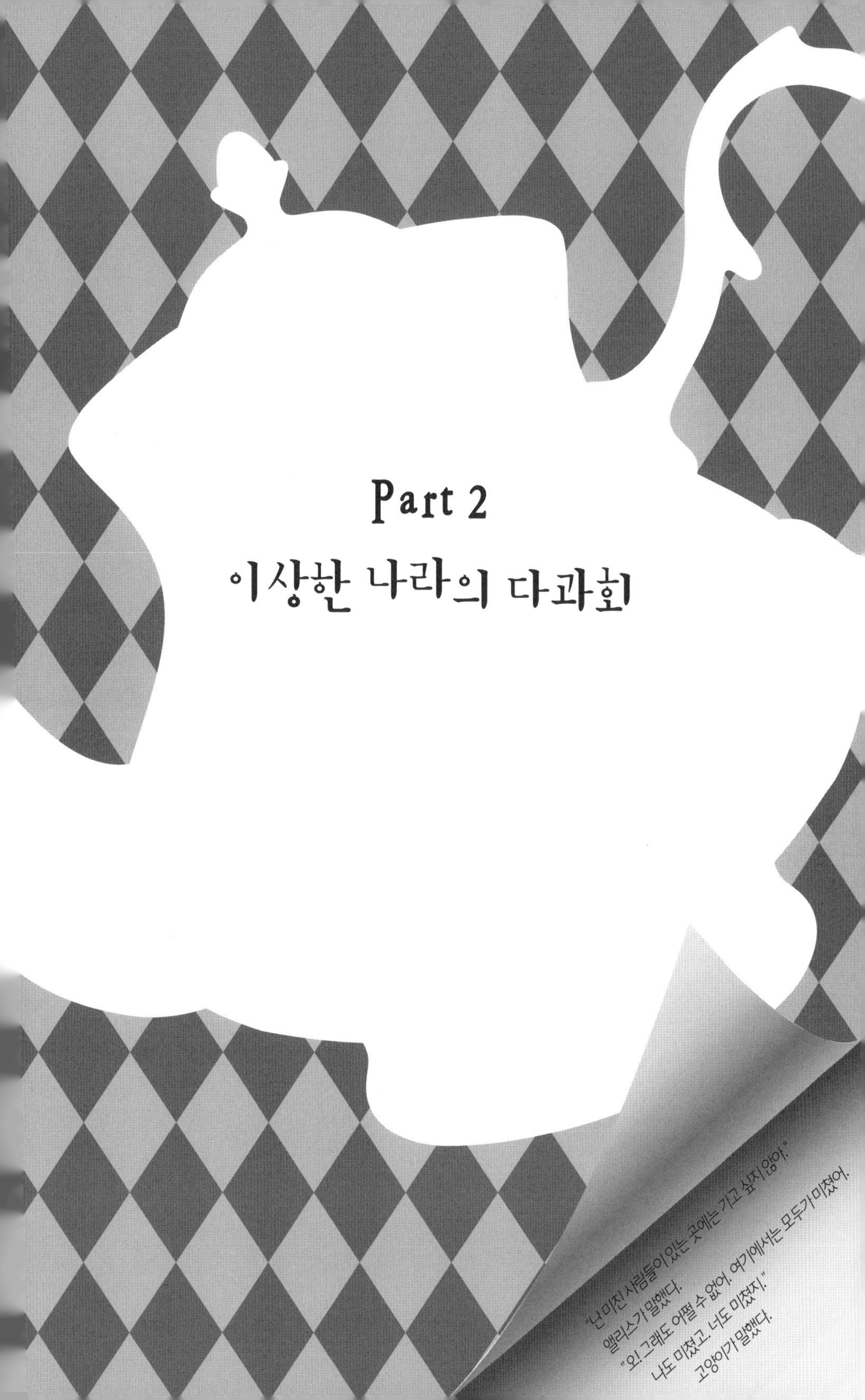

Part 2
이상한 나라의 다과회

"난 미친 사람들이 있는 곳에는 가고 싶지 않아."
앨리스가 말했다.
"오! 그래도 어쩔 수 없어. 여기에서는 모두가 미쳤어.
나도 미쳤고, 너도 미쳤지."
고양이가 말했다.

10/6

1
정신 나간 손님들

"이쪽으로 가면, (…) 모자 장수가 살고,

저쪽으로 가면, (…) 3월 토끼가 살아. (…)

둘 중에 아무 데나 가봐. 어차피 둘 다 미쳤으니까."

앨리스가 만난 이상한 나라 주민의 특징은, 대부분이 완전히 미친 것처럼 그려졌다. 체셔 고양이가 앨리스에게 했던 말도 같은 맥락이다.

"여기서는 모두가 미쳤어. 나도 미쳤고. 너도 미쳤지."

그런데 정신나간 몇몇 등장인물은 우연히 그렇게 그려진 것이 아닐 수도 있다. 미친 사람을 가리키는 영국식 표현을 작가가 참조한 것이다. 왜냐하면, 체셔 고양이의 논리에 따르면, 이상한 나라를 여행하고 있는 우리도 미쳤을 테니까. 이제 그 정신나간 등장인물에 대해 알아보자.

모자 장수처럼 미친

루이스 캐럴이 살던 시대에는 "mad as a hatter"라는 표현이 유행했다.(처음 글로 적힌 때는 1829년이다.) 이 표현의 기원은 확실하지 않지만 과학자들은 여러 가설을 내세웠다. 어떤 이들은 'hatter'(모자 장수)가 '독약'을 뜻하는 옛 앵글로색슨어 'atter'(이 단어는 '독사'를 뜻하는 'adder'에서 옴)에서 유래했고, 'mad'는 '무척 화가 나다.'라는 의미로 해석할 수 있다고 설명한다. 조합해보면 '독사처럼 화가 난'이라는 뜻이 될 수 있다. 다른 사람들은 이 표현이 19세기에 몇몇 모자 장수가 모자를 만들 때 쓰이는 수은에 노출돼 미쳐버린 일에서 유래했다고 주장하기도 한다.

실제로 19세기 중반까지 사람들이 착용하는 모자는 주로 펠트 소재

였는데, 펠트는 직조되지 않은 섬유로, 양털, 동물 털 등 여러 가지 재료로 만들었다. 오늘날에는 합성섬유를 이용해 기계적 작용(마찰, 압력)과 습기, 열을 가해 원자재를 단단히 얽히게 해서 만든다. 과거에는 비버 털이 가장 좋은 재료로 쓰였지만 무분별한 사냥과 서식지 파괴로 유럽 비버에 이어서 북아메리카 비버까지 희귀해졌고 값도 비싸졌다. 걱정할 필요 없다. 산토끼와 집토끼의 털로 대체가 됐으니 말이다. 다만 토끼털은 생각만큼 펠트로 잘 만들어지지 않았다. 이 문제를 해결하기 위해, 질산에 녹인 수은을 이용해 털을 처리하는 '캐로팅(carrotting)'이라는 기술이 사용됐다. 여담이지만, 수은을 이용한 이 방법은 동물의 털을 주황색으로 변하게 했다. 영화 〈이상한 나라의 앨리스〉(팀 버튼 감독의 2010년 작)에서 조니 뎁이 연기한 모자 장수의 머리카락과 손톱이 주황색이었던 이유가 바로 이 때문이었을수도 있다.

실제로 수은이 펠트를 만드는 사람들의 머리카락 색을 변하게 하지는 않았지만, 다른 많은 문제를 일으켰다. 수은의 부정적인 영향은 18세기 중반부터 알려졌지만 모자 산업의 높은 수익성 때문에 수은 사용은 쉽게 사라지지 않았다. 가장 영향을 많이 받은 노동자들은 '축융[22] 공'들이었는데, 이들은 털과 물, 수은 용액을 넣고 가열하는 큰 통 위에서 작업을 했다. 일꾼들은 유독한 증기를 들이마셨을 뿐만 아니라, 갈

22 비누 용액과 알칼리 용액을 섞은 것에 서로 겹쳐진 양모를 적셔 열이나 압력을 가하고 마찰한 뒤에, 털을 서로 엉키게 하여 조직을 조밀하게 만드는 모직물 가공의 한 공정

증을 해소하려고 술을 마셨다.(술이 일의 고단함을 덜어줬을지는 모르지만, 수은이 일으킨 문제를 줄이는 데는 도움이 되지 않았다.) 수은 중독은 손톱색깔의 변화, 손발의 떨림, 경련, 마비, 이 빠짐, 구내염, 소화기관 및 호흡기관과 신장 문제 등을 일으킨다. 또한 감정이 불안정해지고 성격이 바뀌거나(과도한 소심함, 과민반응), 기억력 상실 및 불면증도 나타난다.

모자 제조업을 하는 사람들만 수은에 노출되는 것은 아니었다. 모자 주인들에게서는 별다른 중독사례가 발견되지 않았지만(현재까지 보존된 모자에 여전히 수은이 남아 있음에도 말이다.) 모자 제조공장과 주위 길거리에 떠다니는 수은 증기구름에 대한 증언들은 남아 있다. 이 혼합물은 공기뿐만 아니라 토양과 물도 오염시켰다.

1770년에서 1830년 사이, 모자 제조인들, 거울 제작자들, 금도금공들은 파리 우안[23]에 600t의 수은을 방류했다.(만약 독자 여러분 중에 파리의 이 지역에 살고, 운 좋게 정원을 가꾸고 있다면, 흙에서 채소를 키우지 말 것을 권한다. 사실 이 조언은 파리의 모든 시민에게 유효한데, 토양이 종종 수은이나 중금속 같은 다른 물질에 오염되기 때문이다.) 유럽에서는 이제 제조업에서 수은 사용을 엄격히 제한하고 있지만, 그렇지 않은 나라도 여전히 존재한다. 수은 폐기물은 공장, 석탄연소 또는 사금채취 등 다양한 곳에서 발생한다. 사금을 채취하는 사람

23 파리 센강의 북쪽 지역

은 채취작업 자체로 주위환경을 파괴할 뿐만 아니라, 금을 더 쉽게 찾아내기 위해 수은을 사용해 금과 결합시킨 뒤 증기로 날려 보낸다. 이 화합물은 비가 되어 주위에 다시 떨어지고, 강으로 흘러들어가 물고기를 오염시키고, 물고기를 먹는 지역 주민에게 악영향을 끼친다.

그렇다. 안타깝게도 박테리아들은 수은을 메틸수은으로 변화시키는데, 메틸수은은 생명체가 아주 쉽게 흡수하는 신경 독성물질이다. 이런 이유 때문에 생선, 특히 먹이사슬의 제일 위에 있어서 수은이 고농도로 축적된 생선을 먹을 때 주의해야 한다. 임신 중에는 위험성이 훨씬 크다. 이 신경 독성물질이 태아와 어린아이에게 강력한 영향을 미치기 때문이다.

우리의 모자 장수 이야기로 돌아가보자. 모자 장수는 수은중독으로 고통받았을까? 앨리스의 첫 번째 모험 마지막 부분에서, 여왕의 타르트를 훔쳤다고 의심받은 하트잭의 재판에서 증인으로 나선 모자 장수는 '침착함'을 유지하지 못했다. 두려움에 몸을 떨다 찻잔에 빵을 빠뜨렸고, 중얼거리며 대답하다가 *"너무 심하게 몸을 떤 나머지, 신발까지 벗겨지고 말았다."* 그런데 이 증상은 수은중독 때문일 수 있다. 앨리스를 처음 만났을 때는 꽤 밝은 모습이었던 모자 장수가 변했다. 그사이에 중독된 것일까? 어쨌든 성격 변화는 부수적인 증상이다. H.A. 월드론에 따르면, 모자 장수에게 수은중독 징조는 나타나지 않았고, 이 인물은 루이스 캐럴이 크라이스트처치에서 학생들을 가르칠 때 그곳에서 일했던 엉뚱한 성격의 가구 상인인 티오필러스 카터를 토대로 만들어낸 것일 수 있다. 그러나 루이스 캐럴이 카터를 알았다는 증거는 없다. 영감의 원천은 1859년 옥스퍼드 시장이었던 토머스 랜들과 그의 모자 제조인이었을 수도 있다. 앨리스 리델은 강아지를 산책시키러 토머스 랜들의 집에 자주 들렀기에 그들을 잘 알고 있었다. 하지만 아예 다른 사람을 보고 만들었을 수도 있다.

작품에서 상징적 주인공인 모자 장수, 3월 토끼, 그리고 둘보다는 덜 미친 듯 보이는 겨울잠쥐, 이 셋은 코믹 트리오다. 물론, 판단하기는 쉽지 않다. 동면 기간이 긴(10월에서 4월까지) 실제 큰겨울잠쥐*Glis glis*처럼 겨울잠쥐는 거의 잠만 자기 때문이다. 극성스러운 행동을 하는 3월 토끼는, 진짜로 미친 것처럼 보인다. 계절 때문일까? *"지금은 5월이니, 머리끝까지 화가 나진 않을 거야…, 아니면 적어도 3월에 그랬던 것만큼은 아닐 거야."*라던 앨리스의 생각이 맞았을까? 좀 더 가까이에서 살펴보자.

정신 나간 봄의 산토끼

그런데 산토끼는 왜 유독 3월에 정신이 나가는 걸까? '3월 토끼처럼 미친'이라는 영국식 표현까지 생기게 한 3월 토끼의 광기는, 번식기에 나타나는 산토끼의 행동 변화에서 비롯된다.

숲멧토끼*Lepus europaeus*는 일반적으로 야행성 동물이라 사람 눈에 잘 띄지 않지만, 1월에서 8월까지, 번식기간에는 낮에 많은 활동을 한다. 정점은 봄이다.(문제의 3월 포함) 게다가 하는 일도 참 볼만하다. 풀밭에서 전속력으로 달려 서로를 추격하고, 진짜 권투시합 못지않은 대결을 한다. 토끼의 발정기를 프랑스어로 '부키나주(bouquinage)'[24] 라고 하는데 (그렇다, '독서'가 단순히 '책을 읽다.'라는 뜻만 있는 게 아니었다.) 이 시기가 되면 수컷과 암컷 사이에 추격전이 벌어진다. 이 달리기를 통해서 암컷 산토끼는 수컷이 얼마나 활력 넘치는지 알 수 있다. 암토끼가 교미준비가 되지 않았을 때에는 뒷발을 들고 서서 가장 가까이 있는 수컷과 복싱경기 같은 것을 시작한다. 펀치는 빠르고(1초에 다섯 번까지도 가능하다.) 폭력적일 때도 있다. 귀에 흉터가 남기도 하고, 털 뭉치가 날아다니는 모습도 자주 볼 수 있다. 암컷 토끼는 추격과 결투를 통해 구애자를 평가하고, 최고라고 판단되는 수컷 토끼 (bouquin[25])

24 구어로 '책을 읽다.'라는 뜻도 있음

25 '책'이라는 뜻도 있음

'부키나주'라고도 불리는 암컷과 수컷의 '권투'

와 교미를 한다. 흥미로운 사실이 있는데, 암컷의 자궁 안에 이미 태아가 자라고 있어도, 암컷은 새롭게 임신을 할 수 있다. 이런 현상을 '중복 임신'이라고 한다.

번식시기에 정신이 나간 듯 보이는 동물은 산토끼뿐만이 아니다. 동물의 별난 구애 행동을 얘기하려면 책을 여러 권 써도 모자라다. 바위비둘기*Columba livia*가 목 주위의 깃털을 부풀리고 암컷 주위를 빙빙 도는 모습을 본 적이 있을 것이다. 더욱 이색적인 구애 행동도 있는데, 인터넷에서 꼭 영상을 찾아볼 것을 권한다.(진짜 볼만하다!) 방울깃작은느시*Chlamydotis undulata* 수컷은 몸의 위쪽 깃털을 부풀려 머리를 그 안에

넣고, 암컷을 쫓아 달린다. 앞을 제대로 보지도 않고 사방으로 마구 달리는 모습이다. 초파리(여름에 과일 주위에서 많이 보이는 작은 파리)들 역시 수컷이 암컷을 쫓아다니는데, 날개 한쪽을 떨면서 세레나데를 들려준다.

사랑의 세레나데라면 단연 금조*Menura superba*가 챔피언이다. 금조는 꼬리 깃털을 아주 멋지게 드러낼 뿐만 아니라, 다른 새의 노래, 사람 목소리, 개 짖는 소리, 전화벨 소리, 금속 절단기가 윙윙거리는 소리까지 따라 할 수 있다. 주로 호주와 뉴기니섬에 사는 극락조들은 춤을 추고, 때때로 (인간의 눈으로 봤을 때) 도저히 새가 움직인다고 생각할 수 없을 만큼 이상한 움직임을 보인다. 그중에서도 가장 눈길을 끄는 춤은 어깨걸이극락조*Lophorina superba*, 검은낫부리극락조*Epimachus fastosus*, 꼬리비녀극락조*Parotia sefilata* 들이 추는 춤이다.

하지만 춤이 새만의 전유물은 아니다. 공작거미*Maratus volans* 수컷은 개체마다 다른 안무의 춤을 추며, 두 앞발과 형형색색의 후체구(몸의 뒷부분, 곤충의 복부에 해당한다.)를 공중으로 들어올린다. 그런데 이 때는, 번식만이 문제가 아니다. 만약 수컷의 구애가 마음에 들지 않으면, 암컷이 수컷을 잡아먹을 수도 있기 때문이다. 그러므로 댄서는 목숨을 걸고 최선을 다해 춤을 춰야 한다.

두건물범*Cystophora cristata* 수컷은 아름다운 암컷에게 자신의 화려한 신체기관을 하나 보여주는데, 바로 왼쪽 콧구멍 비중격[26]이다. 하지만 여러분이 상상하는 그런 것은 아니다. 사실 이 물범은 아주 비대한 비

수컷들이 모든 것을 줄 때! 왼쪽부터 두건물범, 최고극락조, 공작거미(실제로는 4mm에 불과함)의 구애행동

강을 가지고 있는데, 번식기간 동안 수컷은 비중격을 꺼낼 수 있고, 마치 코끝에 붉은색 공이 있는 듯한 모습을 보인다.

마지막으로, 일부 수컷은 진정한 아티스트이기도 하다. 토키게네르*Torquigener* 속의 복어는 해저 모래에 아주 멋진 동그라미 그림을 그린다.(어떤 동그라미는 지름이 2m에 달하기도 한다.) 수컷 바우어새(*Ptilonorhynchidae*, 바우어새과)는 건초와 잔가지를 가지고 둥지와 그늘막을 짓는다. 장식을 더하는 새도 있는데 새틴바우어버드*Ptilonorhynchus violaceus*

26 좌우 코안의 경계를 나누는 벽

는 파란색 장식(꽃, 열매, 다른 새의 깃털뿐만 아니라 플라스틱 물건, 병뚜껑, 자동차 키, 고무줄….)을 선호한다. 이 새는 침, 목탄, 짓눌린 베리로 만든 혼합물을 가지고 둥지 안쪽을 칠하기까지 한다. 진짜 아티스트가 맞다.

우리가 살펴본 것 외에도 더 다양한 행동이 존재한다. 지금까지는 주로 수컷이 사랑하는 암컷을 위해 전력을 다했지만, 수컷과 암컷 모두가 결혼을 위한 구애행동을 하거나, 암컷이 더 적극적으로 나서는 동물도 있다. 영장류 중에서 하이난검은볏긴팔원숭이*Nomascus hainanus*, 동부검은볏긴팔원숭이*Nomascus nasutus*, 흰머리카푸친*Cebus capucinus*은 암컷이 수컷의 관심을 끌려고 춤을 춘다. 번식에 수컷이 많은 공을 들이는 동물의 경우, 좋은 아빠가 될 만한 수컷을 차지하기 위해 암컷들이 경쟁하고, 치장을 더 많이 하며, 구애의 춤을 추거나 암컷끼리 싸운다.(예를 들어, 해마를 닮은 일부 실고깃과 물고기들, 늪이나 호수에 사는 철새 지느러미발도요 등이 그렇다.)

다른 성별로부터 호의를 얻고 싶은 동물은 노래하고, 춤추고, 서로 싸우고, 예술작품을 만들고 선물을 한다. 이런 구애행동은, 같은 종의 개체 사이에서 인식이 이뤄진다는 표시이고, 잠재적 파트너의 자질을 평가하게 해준다. 게다가 구애행동은 아주 중요하다. 생존과 자손번식의 기회가 달려 있기 때문이다.

이상한 나라의 또 다른 주인공은 남다른 번식능력을 가졌다. 1년에 6번 임신이 가능하며 출산 한 번에 12마리씩 낳을 수 있는 이 동물은 번식력이 매우 강해서 엄청난 속도로 한 영역을 점령한다. 눈치챘는가? 바로 토끼다. 토끼의 번식기를 눈치채지 못했다면, 이미 늦었을 수도 있다.

흰토끼를 따라가 보자

앨리스가 쫓아가는 흰토끼는, 우리 생각과는 달리, 3월 토끼처럼 길들여진 동물이 아니다. 토끼목에 속하는 이 두 토끼는 아예 다른 종이다. 간혹 설치목에 속한다는 이야기도 있지만, 사실이 아니다. 토끼목에는 27종의 집토끼, 32종의 야생토끼, 33종의 피카(동그란 귀를 가진 작고 귀여운 토끼를 닮은 포유류, 아시아와 북아메리카에 서식한다.)가 포함돼 있다. 이빨을 보면 설치목과 쉽게 구분할 수 있다. 토끼목은 위턱에 네 개의 앞니가 있는데, 설치목은 두 개뿐이다. 먹이에도 차이가 있다. 토끼목은 완전히 초식동물이고, 설치류는 씨앗, 덩이줄기, 곤충, 고기 등을 먹는 잡식성이다. 게다가 설치목과 달리 토끼목에게는 음경골이 없다.(이 특별한 뼈에 대해 더 알고 싶다면 Part 1의 5. 해변 산책 편을 참조하시길!)

여러분의 정원에 있는 토끼가 집토끼인지 야생토끼인지 알고 싶다면 몸의 형태를 살펴보면 된다. 작달막한 집토끼에 비해 야생토끼는 더 크고 길쭉하다. 귀를 봐도 차이점을 알 수 있다. 숲멧토끼는 귀 끝에 검은 점이 있다. 결정적으로 야생토끼는 굴을 파지 않고, 암컷은 움푹

왼쪽의 유럽토끼는 오른쪽의 야생토끼보다 작고, 야생토끼는 귀가 훨씬 크다. 두 토끼는 생활방식도 다르다.

파인 땅에 새끼를 낳는다. 새끼들은 태어났을 때부터 몸이 털로 덮여 있고, 4주 정도 뒤 젖을 뗀다. 반면에 집토끼는 무리 생활을 하고, 굴을 파서 위험이 생겼을 때 안에 들어가 숨는다. 바로 이 굴 안에서 새끼가 태어나는데, 집토끼의 새끼는 처음에는 눈도 보이지 않고 귀도 들리지 않으며 털도 없다. 집토끼의 새끼 역시 4주 정도 뒤에 젖을 뗀다.

이상한 나라의 토끼는 '붉은 눈동자를 가진 흰토끼'로 묘사되는데, 가축으로 기르는 토끼일 확률이 높다. 알비노[27] 동물은 자연에서 생존하기 힘들기 때문이다. 이들은 잘 보지 못하고, 잘 숨지 못하며, 종에 따

27 선천적으로 피부, 모발, 눈 등의 멜라닌 색소가 결핍되거나 결여된 비정상적인 개체

라 짝짓기 상대를 잘 찾지 못한다. 실험실에서 탈출하지 않는 한 말이다. 실제로, 멜라닌 색소 결핍에도 불구하고, 알비노 동물은 연구에 아주 많이 쓰인다. 신체의 여러 가지 화학반응에 색소가 영향을 미치고, 실험 결과를 왜곡할 수 있는데도 말이다. 알비노 동물이 실험에 쓰이기 시작한 것은 19세기부터다. 당시에는 전시회에 선보이기 위해 알비노 쥐를 선택해서 길렀다. 과학자들이 연구를 위한 동물이 필요할 때는, 이렇게 길러진 혈통을 찾았다. 이후 알비노 동물은 순응이 쉬운 동물로 여겨졌고, 이런 관습은 지속됐다.

우리의 토끼에게로 돌아가보자. 집토끼는 주로 유럽토끼*Oryctolagus cuniculus*로, 스페인에서 유래했을 확률이 높다. 스페인에서 가장 오래된 토끼 화석이 발견됐기 때문이다. 사람들은 처음에는 토끼의 고기와 털을 이용하다가 최근에야 토끼를 반려동물로 기르거나 연구실에서 실험대상으로 사용했는데, 토끼가 가축으로 길러진 것은 중세시대에 이르러서다. 기원전 8000년 무렵에 이미 가축으로 기른 소, 염소, 양 등에 비하면 상당히 늦었다고 할 수 있다.

과거에 토끼는 '가렌(garennes)'이라는 일부 특권층(주로 지역영주들)이 사냥하는 장소에서 살았고 19세기에 이르러서 우리나 토끼장에서 살게 됐다. 또한 이 시기에, 개체 선별기술이 발달해 플레미시 자이언트토끼, 귀가 축 처진 롭이어토끼, 드워프토끼 등의 품종이 만들어졌다.

토끼의 독특한 특징 하나는, "토끼 같은 자식들"을 너무 많이 낳는다는 점이다! 상상해보라. 이론적으로 암컷 한 마리는 두 달에 한 번씩 새끼 6마리를 낳는다. (편의를 위해, 이론상 질병도 없고 천적도 없는 최적의 조건을 가정한다.) 아기 토끼 6마리 중 절반이 암컷이고, 어린 암컷들은 출생 5개월 뒤면 처음으로 자기 새끼를 출산한다. 토끼 한 쌍이 번식을 시작했을 때, 1년 뒤에는 몇 마리의 토끼가 생기게 될까? (학교라고 생각하고 수학문제를 한번 풀어보자.) 정답은, 아주 많이 생긴다. (계산해 보면 총 272마리의 토끼가 생긴다.) 사육 측면에서는 이런 대량번식은 장점이지만, 개체수를 제어할 천적이 없는 곳에 토끼가 유입될 경우 생태적 재앙을 불러올 수도 있다.

침입종이 유발할 수 있는 문제는 고대에도 이미 나타났었다. 그리스의 철학자 스트라본과 로마 제정기의 작가이자 자연과학자인 플리니우스는, 토끼 때문에 초토화된 지중해 서부 발레아레스제도에 대해 언급했다. 섬 주민들은 아우구스투스 황제에게, 새로운 경작지를 마련해주거나 토끼를 없앨 군대를 보내달라고까지 요청했다.

하지만 토끼 개체수 급증으로 인한 문제가 더욱 잘 알려진 사례는 바로 호주의 경우이다. 1859년, 사람들은 사냥에 재미를 더하기 위해 24마리의 토끼를 호주에 데려왔다. 온화한 기후와 천적이 적은 덕분에 토끼는 아주 빠르게 많아졌고, 이미 섬에 있던 토끼들과 합쳐졌다. 그 결과 1920년, 호주에 서식하는 토끼의 수는 1,000만 마리에 이르렀는데, 대부분 1859년에 유입된 24마리의 토끼에서 나온 개체들이었다. 토끼는 농작물에 피해를 줄 뿐만 아니라, 나무의 어린싹을 다 먹어치웠고, 특정식물만 먹으며 식물군의 구성요소를 바꾸었다. 또한, 토끼는 먹이나 거처를 두고 유대류와 경쟁했으며, 역시나 개체가 늘고 있던 여우(이들도 사냥을 위해 유입됨)의 먹이가 되면서 호주 동물군에 영향을 미쳤다. 토끼의 개체수를 조절하고자 울타리를 설치했고,(가장 유명한 울타리는 1900년대 초 웨스턴오스트레일리아주에 남북 방향으로 설치한 3,256km길이의 울타리일 것이다.) 덫과 독약을 설치했지만 안타깝게도 토끼 외의 다른 동물에게까지 영향이 미쳤다. 토끼굴도 없애고, 토끼들이 목이 말라 죽도록 수원을 없애기까지 했다. 1950년대, 호주정부는 더욱 광범위한 조처를 결정하고, 점액종(결막염과 일종의 종양이 생기고, 생식기관과 머리에 부종이 생기는 치명적인 질병) 바이러스를 들여왔다. 이 바이러스가 유입된 뒤 일시적으로 토끼 개체수가 줄었으나, 이 질병에 저항성이 생긴 개체가 나타나기 시작했다.

1995년, 또 다른 바이러스가 자연에 유입됐다. 토끼에게 출혈성 질환을 일으키는 칼리시바이러스(calicivirus)였다. 하지만 이번에도 이 바이러스에 저항성이 있는 개체가 출현했다. 현재까지도 호주에는 약 2억 마리의 토끼가 서식하는 것으로 추산되고, 호주정부는 토끼를 없애기 위해 여전히 새로운 생물학적 무기를 연구 중이다.

점액종이 호주에서는 잠시나마 효과적이었으나, 1950년대에 유럽에 부주의하게 유입되는 바람에, 끔찍한 결과를 낳았다. 토끼 사육에 악영향을 미친 것은 물론, 야생토끼를 비롯해 이들에 의존하는 다른 동물에게도 영향을 줬다. 토끼는 유럽 생태계의 한 요소이고, 수많은 천적의 먹이다. 토끼 수의 감소는 현재 멸종위기종인 이베리아스라소니*Lynx pardinus*, 스페인흰죽지수리*Aquila adalberti* 같은 천적의 개체수 감소를 유발했다.

앨리스의 흰토끼에게는 또 다른 의미가 담겨 있다. 흰토끼는 하나의 세계에서 다른 세계로 넘어갈 수 있게 해주고, 호기심에 대한 비유를 나타낸다. 영화 〈매트릭스〉(라나 워쇼스키, 릴리 워쇼스키 감독)의 초반부에 주인공들은 '흰토끼'를 따라가야 한다. 록그룹 제퍼슨 에어플레인이 1967년에 발표한 노래 제목도 '흰토끼'이다. 루이스 캐럴의 작중인물이 언급되는 이 노래는 마약 사용에 관한 내용을 담았다. 그런데, 이상한 나라에 마약이 존재할까? 만약 그렇다면 어떤 물질로 만들었을까? 다음 장에서 좀 더 자세히 살펴보자.

2
목을 쳐야 하는 것들

앨리스는, 팔짱을 끼고 버섯 위에 앉아

긴 후카를 빨고 있던 커다란 푸른 애벌레와 눈이 마주쳤다.

『이상한 나라의 앨리스』에서 가장 유명한 부분 중 하나는 앨리스가 후카를 피우는 애벌레와 만나는 장면이다. 후카는 수연통과 아주 흡사한 인도의 물담배다. 영어 'hookah'는 프랑스어 번역본에서 '수연통'이라 번역되는 경우도 종종 있는데, 이 책에서는 동양의 물담배를 가리키는 용어로 후카나 수연통 두 가지를 모두 사용하겠다.

사람들은 환각제 사용에 관해 이야기할 때, 앨리스와 애벌레의 만남을 많이 언급한다. 그런데 앨리스의 지각능력이 변한 것이 환각물질을 섭취했기 때문일까? 애벌레는 후카통에 무엇을 넣어 피우고 있던 걸까? 앨리스는 어떤 종류의 버섯을 먹은 걸까? 이 질문들에 대한 답을 얻기 위해 흰토끼의 굴속으로 한번 들어가보자.

이상한 나라의 앨리스 증후군

애벌레는 앨리스와 대화를 나누고 자리를 떠나면서, 앨리스에게 딱 맞는 몸의 크기를 되찾고 싶으면 버섯조각을 먹으라고 조언한다. 이 부분은 존 테니얼의 그림과 한데 묶여서 1960년대부터 수없이 인용됐다. 특히 본문은 환각물질 이용을 미화하는 데 주로 쓰였다.(앨리스는 몸의 크기를 변화시키기 위해 여러 가지를 먹고 마셨다.) 루이스 캐럴이 약물을 사용했는지 확실히 알 수 없지만, 1955년, 영국의 정신과 의사 존 토드는 이 책을 토대로 하나의 증후군을 새롭게 설명했다. 존 토드는, 어떤 사람은 두통이 있을 때, 물건이나 자기 몸의 비율을 인지하기 어렵다는 사실을 발견했다. 앨리스가 버섯조각을 먹었을 때, 머리가 점점 발에서 멀어져 나무 꼭대기 위로 나온 것처럼 말이다. 어떤 이들은 환청을 듣기도 하고, 촉각에 왜곡이 생기거나, 시간개념을 잃기도 한다. 루이스 캐럴 역시 비슷한 증상을 동반한 두통을 겪었던 것으로 보인다.(1856년, 루이스 캐럴은 두통이 원인으로 보이는 시력문제로 안과의사에게 진료를 받았다.) 작가는 자기 경험을 토대로 앨리스가 겪은 몸의 변화를 묘사했을 수 있다. 일부 식물이나 버섯 섭취의 영향으로 어떤 영감을 받았을 수도 있다. 실제로 루이스 캐럴은 이 주제에 관한 모드카이 큐빗 쿡의 책 『잠자는 일곱 자매The Seven Sisters of Sleep』(1860)를 갖고 있었다.

루이스 캐럴이 어디에서 영감을 얻었는지 우리는 결코 알 수 없지만(어쩌면 두통과 향정신성 물질의 효과가 결합된 결과일 수도?), 세상이나 스스로에 대한 인지를 변하게 만드는 이런 천연 합성물에 대해 살펴보는 것은 언제나 흥미로운 일이다. 앨리스도 이렇게 말했으니까 말이다.

"I can't explain myself, I'm afraid, Sir, because I'm not my-self, you see." ("죄송하지만, 저를 설명할 수가 없어요. 보시다시피 저는 지금 제가 아니거든요.")

이제부터 위험한 식물과 버섯을 언급할 예정인데, 우리 주위의 세상에 관한 지식을 조금 더 늘리기 위한 목적뿐임을 알린다. 일부 약물이 정신적 목적이나 치료용으로 쓰이지만, 철저히 제한적으로 사용돼야 한다. 제대로 알지 못하는 물질은 절대로 섭취하지 말고, 반드시 전문가와 상의해야 함을 다시 한번 강력히 알린다. 그리고 '천연'이라고 해서 우리 몸에 좋은 것이 절대 아니다. 사실 많은 식물에 독성이 있다. 독당근 같은 일부 독성 식물에 대해서는 잘 알려졌지만, 우리 일상과 너무 가까이에 있어, 종종 그 위험성을 잊게 되는 은방울꽃, 협죽도, 감자(감자 싹을 괜히 안 먹는 게 아니다.) 등도 기억해야 한다.

향정신성 버섯과 식물

사람의 **중추신경계**에 작용해 인지, 기분, 의식, 행동 등을 변하게 만드는 혼합물이 포함된 식물을 지칭할 때 향정신성 식물 또는 버섯이라는 용어를 사용한다. 향정신성 물질은 다양한 식물종에 분포하는데, 이들을 분류하는 방식은 시간이 지나면서 계속 변하고 있다. 향정신성 물질이 무조건 마약은 아니고, 커피 같은 경우 자극제로 분류된다는 점도 인상적이다. 환각제도 향정신성 물질에 속하는데, 환각을 유발할 뿐 아니라 지각(시각, 청각, 공간각, 시간각 등)과 신체 이미지를 왜곡한다.

인간은 선사시대부터 향정신성 식물과 버섯을 영적, 의료적, 예언적 또는 오락적 목적으로 사용해왔다. 1만 8000년 전의 퇴적물에서 광대버섯을 사용한 흔적이 발견되기도 했다. 대마, 양귀비, 다투라, 벨라돈나풀, 조포, 코카, 향쑥, 피요테, 이보가, 샐비아 디비노럼 등은 가

환각을 일으키는 종들

장 잘 알려진 향정신성 식물이다. 버섯 중에는 맥각균(강력한 환각제 LSD의 원료), 광대버섯, 환각버섯속(그 유명한 '마법의 버섯') 버섯들이 유명하다. 이런 여러 종은 뇌의 특정 수용체에 작용하여 기능을 변화하게 만드는 분자를 생성한다.

생명체는 어떤 이점이 있기에 이런 분자를 만들어내는 걸까?

여기에 대해서는 과학자들의 의견이 갈린다. 향정신성 물질은 대개

이차**대사**산물에 포함되는 알칼로이드, 아미노산 부산물이다. 이차대사산물이란, 유기체의 주요기능 및 발달에 직접 관여하지 않지만 주변 환경과의 상호작용에 관여하는 유기화합물을 말한다. 이 물질은 포식자로부터 유기체를 보호해주거나, 포자와 씨를 퍼뜨릴 수 있는 개체를 끌어들이는 등 여러 용도가 있을 수 있다. 물론, 단순히 화학반응의 부산물일 수도 있고, 식물에게 아무런 영향이 없을 수도 있다.(적어도 이 물질이 생성되는 발달 시기에는 말이다.) 예를 들어, 실로시빈은 성장 과정 중에 여러 차례 나타나는 유효성분이다. 그렇다면 이 분자는 버섯에게 이점을 가져다줘야 하는데, 과연 어떤 이점이 있을까? 2018년, 이 주제를 연구한 알리 R. 아완의 연구팀은 다음과 같은 가설을 세웠다. 이 물질은 포자를 퍼뜨릴 목적으로, 식균성 곤충을 유인하는 데에 쓰인다. 실로시빈은 버섯의 곰팡이나 포자를 먹이로 하는 식균성 파리의 식욕을 높여서, 포자가 더 쉽게 퍼지도록 한다는 것이다. 하지만 이 또한 하나의 가설일 뿐이고, 향정신성 식물과 버섯의 비밀을 다 밝혀내기에는 아직도 턱없이 부족하다.

내용이 무거워질 수 있음에도 식물과 버섯을 구분한 것은 이 둘은 완전히 다른 생물이기 때문이다. 예전에는 이끼, 고사리 등과 함께 민꽃식물(cryptogam, 그리스어로 '숨겨진'을 뜻하는 'cryptos', '번식'을 뜻하는 'gamos'가 합쳐진 단어다.)로 분류됐지만, 실제로 버섯은 전혀 다른 계통에 속한다.

LSD의 발견

〈이상한나라의앨리스〉 영화와 디즈니 애니메이션은, 1960년대에 출현한 사이키델릭 움직임에 많이 등장했다. 예술적이고 영적인 환경에 자리잡은 이 반문화적 움직임은 LSD 등 향정신성 물질 사용과도 연관이 있었다. 마약인 LSD는 1938년 스위스의 화학자 알베르트 호프만이 맥각중독을 일으키는 기생버섯, 맥각균(Claviceps purpurea)을 연구하던 중 발견했다. 맥각균에 중독되면 스멀거림[28]과 손발 통증이 나타나고, 치료받지 않을 경우, 괴저[29]가 일어날 수 있다.

호프만은 약리학적 특성을 실험해 보기 위해 이 버섯의 여러 부산물을 합성했고, 이 과정에서 리세그르산 디에틸아미드(LSD)를 얻었다. 호프만은 이 물질이 중추신경계를 자극할 수 있는 흥분성 물질이라고 생각했지만 실험은 명확한 결과를 도출하지 못했고, 이 물질도 화학자의 관심에서 멀어졌다. 그러다 5년 뒤인 1943년, 호프만은 이 물질을 충분히 연구하지 못했다는 생각에 동료 화학자 아르튀르 스톨과 다시 한번 이 기

28 개미가 피부 속이나 피부 위를 기어가는 듯한 이상 감각

29 혈액공급이 되지 않거나 세균 때문에 비교적 큰 덩어리의 조직이 죽는 현상

묘한 물질을 연구한다. 그들은 LSD-25(맥각균에서 합성한 스물다섯 번째 물질이었기 때문에)를 한 번 더 합성하고 관찰했다. 실험 도중 호프만은 실수로 이 물질을 먹게 됐는데, 속이 거북해져서 집으로 돌아가 누웠고, 본의 아니게 이 버섯의 환각 능력을 실험하게 되었다. 호프만은 술에 취한 것에 가깝지만 불쾌하지 않고, 꿈꾸는 상태 같았지만 (눈꺼풀은 감은 채로) 환상적인 이미지와 놀라운 형태들, 변화무쌍한 색의 향연이 끊임없이 눈앞에 펼쳐졌다고 당시를 묘사했다. 두 시간 뒤, 그는 원래 상태로 돌아왔다.

하지만 호프만은 진정한 과학자였고, 그 상태를 완벽히 이해하고 싶었다. 며칠 뒤, 호프만은 통제할 수 있는 선에서 아주 적은 양을 다시 섭취했고, 그 영향을 기록했다. 첫 번째 증상들(공간 왜곡, 불안, 마비, 웃고 싶은 욕구)이 나타나자, 호프만은 조수의 도움을 받아 자전거로 집에 돌아갔다. 집에 도착했지만 똑바로 서 있을 수 없었고, 주위의 모든 게 빙빙 돌았으며, 평소에 쓰던 물건이 기괴하고 위협적인 모습으로 보였다. 자신이 미쳐간다고 생각한 호프만은 의사를 불렀다. 의사는 그를 침대에 눕혔고 호프만이 시각을 실험하는 동안 지켜보았다. 호프만은 자전거를 타고 이런 발견을 한 것을 기념해, 자신의 첫 LSD 여행을 '자전거의 날'이라고 부르기도 했다. 지식으로 가는 길은 때때로 놀라운 모습을 한다.

앨리스의 버섯

버섯은 1969년까지 식물로 여겨졌지만 식물이 아니다. 1969년은 로버트 H. 휘터커가 새로운 분류 체계인, 5계 생물분류(동물계, 식물계, 균계, 원생계, 박테리아계)를 처음으로 발표한 때다. 18세기 스웨덴의 저명한 자연과학자 린네는 최초로 생물분류 단계를 만들었고, 가장 상위 분류단계를 '계'라고 명명했는데, 당시 사고방식에 따라 감각능력이 있고 움직일 수 있는 동물계와 감각능력이 없고 움직일 수 없는 식물계 등 두 가지 계로만 정의했다. 이에 따라 버섯은 자연스럽게 식물계로 분류했고, 생식기관이 숨겨져 있는 식물이라 하여 민꽃식물로 분류하였다. 하지만 지식이 발달하며 이런 분류법에 의문이 제기됐다.

버섯의 세포벽이 식물의 세포벽과 유사하지만, 버섯의 세포벽은 섬유소가 아닌 키틴질(곤충과 갑각류의 외골격을 이루는 물질)로 이루어졌다. 버섯에는 엽록소(식물이 초록색으로 보이게 하는 색소)도 없을뿐더러, **엽록체**도 없어서 **광합성**을 할 수 없고, 무기질로부터 당분을 만들어낼 수도 없다. 따라서 버섯은 탄소원을 체외에서 받아들여야 하는 종속영양생물이라고 한다. 동물처럼, 생존을 위해서는 다른 유기체를 먹어야 하고, 당분을 글리코겐 형태로 저장한다.(녹말 형태로 저장하는 식물과 다르다.) 이런 발견 이후, 버섯은 더는 식물계로 분류될 수 없었다. 이러한 이유로 휘터커는, 사람들이 산책길에 수확할 수 있는 버섯, 효모, 곰팡이, 역병, 노균병을 포함하는 '균계'라 불리는 새로운 분류계를 제안했다. 그러나 유전학의 발전으로 휘터커가 제안했던 생물분류에 문제제기를 하는 경우도 생겼다. 어떤 이는 열광하고 또 어떤 이는 지겨워하는 토론은 여전히 진행 중이다.

현재로서는, 세부적인 사항까지는 다루지 않더라도, 마이클 A. 루지에로와 그의 동료들이 제안한 분류법을 사용하자는 합의가 존재한다. 이 분류법은 생명체를 다음과 같이 7계로 분류한다. 박테리아*Bacteria*, 고균(*Archaea*: 형태와 크기는 박테리아와 유사하지만, 일부 유전자와 대사회로가 다른 계와 더 가까운 유기체), 원생동물(*Protozoa*: 아메바, 짚신벌레, '블롭'이라는 이름으로도 알려진 황색망사점균*Physarum polycephalum* 등 일반적으로 단세포인 작은 유기체), 유색조식물(*Chromista*: 갈조류, 규조류, 노균병 등을 포함), 식물*Plantae*, 버섯*Fungi*, 동물*Animalia*.

이제 버섯이 식물이 아니라는 사실은 알았지만, 버섯을 그저 애벌레가 올라가서 담배를 피우던 갓과 밑동으로 이뤄진 생물이라고만 생각하면 되는 걸까? 사실, 우리가 숲에서 채취하고 흔히 '버섯'이라 부르는 것은, 훨씬 더 큰 유기체의 생식기관이다. 이 생식기관은 보통 지면에서 발견할 수 있는 '식물성 **균사체**'라 불리는 길고 가는 실 모양의 세포로 이뤄졌다. 그렇다. 우리는 버섯의 생식기관을 먹고 있는 것이다.(이제 더는 버섯 오믈렛을 예전과 같은 기분으로 먹을 수는 없을 것이다.) 이 기관은 '**자실체**'('포자를 운반하는'이라는 뜻으로, 버섯의 번식을 가능하게 해준다.)라 불리고, 앨리스의 버섯처럼 밑동과 버섯갓이 있거나, 샹트렐버섯처럼 꽃병 모양이거나, 송로처럼 둥근 모양, 나무 밑동에서 자라는 다공균처럼 '혀' 모양 등 다양한 형태를 띠고 있다.

자실체는 아주 크게 자랄 수 있다. 일례로, 유럽에서는 원주가 2m, 무게가 20kg이 넘는 말불버섯이 발견됐다. 최고 기록은 중국에서 발견된 소나무비늘버섯과*Phellinus ellipsoideus*의 자실체가 갖고 있다. 이 자실체는 길이가 10.8m, 너비가 82~88cm에 달하며 무게는 400~500kg 정도로 추정된다. 어쨌든, 버섯의 주요 부분을 이루는 것은 균사체다.(그리고 버섯 무게의 99%까지 차지한다.) 지금까지 알려진 버섯 중에 가장 큰 버섯은 미국 오리건주 동부 맬히어 국유림에서 자라는 뽕나무버섯과의 꿀버섯*Armillaria solidipes*이다. 이 버섯의 균사체는 960ha 이상으로 뻗어 있는데, 파리 근교에 있는 커다란 삼림공원인 뱅센 숲의 면적과 맞먹는다.

이상한 나라의 자실체는 평범한 크기지만, 애벌레가 말한 것처럼 사람의 크기를 변하게 한다.

"한쪽을 먹으면 몸이 커질 거고, 반대쪽을 먹으면 작아질 거야."

이 버섯은 광대버섯*Amanita muscaria*일 확률이 높다. 광대버섯을 먹으

다양한 형태의 자실체

면 키가 변하지는 않지만, 광대버섯에 대한 우리의 지각능력을 변하게 할 수 있다. 버섯이 크거나 작게 보이고, 버섯까지의 거리가 멀거나 가깝게 느껴질 수 있다. 광대버섯의 효과는 빅토리아시대에 잘 알려졌는데, 앞에서 언급했던 모드카이 큐빗 쿡의 책 덕분이기도 하다. 광대버섯이 애벌레의 받침대로 쓰였을 가능성이 있는 것이다. 이 버섯은, 중추신경계의 뉴런 전달에 작용하는 무시몰과 그 전구체인 이보테산 등 정신활성물질들 때문에 환각, 감각 변화, 주의력 상실, 깊은잠 등 다른 문제도 일으킨다.

과거에는 사람들이 광대버섯을 정신활성물질로서 섭취한 것 외에도, 파리를 쫓을 목적으로도 사용했다. 그래서 프랑스어로는 광대버섯의 이름이 파리잡이(tue-mouche)이기도 하다. 작은 그릇에 버섯조각과 우유, 가끔은 설탕도 함께 넣어두면, 이 독버섯우유를 먹은 파리가 벼락 맞은 것처럼 바닥에 떨어져 다리를 공중으로 세우게 된다. 하지만, 한 시간 정도 지나면 파리는 다시 깨어나서 날아간다. 버섯 이름을 '파리기절버섯'으로 바꾸는 게 나을수도 있다. 종합해보면, 애벌레가 광대버섯 위에 앉아 있었고, 앨리스가 그 버섯을 조금 먹은 것일 수 있다. 그러나 이상한 나라에 존재하는 향정신성 물질은 이것뿐만이 아니다. 이제는 애벌레의 긴 후카 안에 무엇이 들어 있는지 살펴보자.

애벌레의 수연통

앨리스가 애벌레를 만났을 당시, 애벌레는 *"앨리스든 다른 누구에게든 아무 신경도 쓰지 않은 채"* 유유히 담배를 피우며 *"단조롭고 나른한"* 목소리로 말했다고 쓰여 있다. 이런 상태는 대마 때문인 경우가 종종 있는데, 사람들은 가끔 수연통에 향정신성 물질인 대마를 넣어 피우기도 한다. 하지만 루이스 캐럴의 시대에는 대마 흡입이 그리 널리 확산되지 않았다. 또 다른 가능성은 요즘 사람들이 많이 피우는 담배나 19세기에 크게 유행했던 아편을 섞은 담배일 수도 있다. 루이스 캐럴이 처음에 그린 삽화에서 애벌레가 들고 있는 것은 담배와 아편 혼합물을 피울 수 있는 파이프 모양이었고, 나중에 존 테니얼이 그린 그림은 본문의 설명과 좀 더 가깝다.

루이스 캐럴이 『땅속 나라의 앨리스』 첫 번째 원고에 그린 앨리스, 애벌레와 후카의 모습.

아편은 양귀비*Papaver somniferum*의 유액에서 나온다. 양귀비 꽃잎이 떨어지고 난 뒤, 봉오리를 절개하면 그 안에서 하얀색 유액이 나오는데 그 유액을 말리면 갈색으로 변한다. 이렇게 건조된 유액이 바로 '아편'이다. 아편은 덩어리 형태를 입으로 먹거나, 술에 녹이거나 특수 파이프를 통해 증기를 흡입할 수 있다. 이 귀한 물질을 만들어내는 데는 흰양귀비가 가장 많이 쓰이는데, 양귀비속의 다른 많은 종처럼 모든 양귀비 **품종**에는 알칼로이드가 어느 정도씩은 포함돼 있다. 그래서 옛날에는 일부 유모들이 아이를 재우려고, 아이들이 먹는 죽에 양귀비나 개양귀비*Papaver rhoeas* 씨앗을 넣기도 했다고 한다.

인간이 양귀비를 사용하기 시작한 것은 아주 오래전부터이고, 신석기시대에 이미 농부들이 양귀비를 재배했다. 이탈리아에서는 기원전 5500년에 사용됐던 한 유적지에서 양귀비의 봉오리가 발견됐고, 스위

양귀비 또는 아편양귀비

스에서는 기원전 4300년, 가정에서 길렀던 양귀비 씨앗이 발견됐다. 아편은 고대부터 사용됐고, 주로 아라비아 상인을 통해 서양에서 동양으로 전파됐다.

유럽에서는 주로 치료목적으로 아편을 사용했다. 아편은 만병통치약으로 여겨졌던 테리아카에도 들어갔는데, 해독제인 테리아카는 100가지가 넘는 재료(독사의 가루, 꽃, 향료 등)로 만들었다. 테리아카는 어른과 어린이 모두에게 투약됐고, 프랑스에서는 1908년까지 사용됐다. 또 다른 유명 치료제는 아편팅크다. 17세기 영국의 의사 토머스 시드넘이 개발한 제조법이 가장 유명한데, 아편팅크는 알코올에 아편을 담가 향료를 첨가한 액체다. 아편팅크는 19세기 영국에서 진통제로 널리 사용됐을 뿐 아니라, 설사나 류머티즘 등의 병을 치료하는 데에도 쓰였다. 또한, '어머니들의 휴식'이라 불리는 시럽 형태의 아편팅크를 아이에게 먹여, 아이가 얌전해지게 했다. 아편팅크는 의료목적 외에도 사회 각계각층에서 기분 전환용으로 아주 많이 사용됐다. 에드거 앨런 포, 토머스 드 퀸시, 바이런, 찰스 디킨스 등 그 당시에 활동한

작가들 역시 즐겨 사용했다. 프랑스에서는 보들레르가 1860년 출간한 수필집 『인공낙원』에서 아편팅크에 대해 언급하기도 했다.

19세기에는 일명 '극동 아편법'이라 불린 또 다른 쾌락적 용도가 유행했다. 중국에서 전해진 이 방법은 꽤 복잡하다. 먼저 가공하지 않은 아편에서 '찬두'라는 물질을 만들어내야 한다. 준비하는 사람이 찬두 한 방울을 추출, 가열 및 가공한 뒤 파이프의 담배통에 떨어뜨리면, 흡입하는 사람이 담배통을 가열용 램프 위에 올려서 아편이 기화하도록 한다. 그러고 나서 천천히 연기를 들이마신 다음 코로 내보낸다. 이 방법과 의식은 19세기 후반부터 예술가와 지식인 사이에서 큰 인기를 끌었다.

1804년 프랑스인 아르망 세갱, 베르나르 쿠르투아, 장 프랑수아 드론이 아편에서 모르핀을 추출했으나, 역사가 기억하는 것은 독일의 약사 프리드리히 제르튀르너의 업적이다. 모르피움(Morphium)이라는 이름을 붙인 것도 바로 제르튀르너다.(이후 영어와 프랑스어로 '모르핀'이라 불리기 시작했다.) 제르튀르너는 1817년, 그리스 신화에 나오는 꿈의 신 '모르페우스'를 본떠서 이름을 지었다.

사람들은 아편에서 다른 여러 물질도 추출했다. 1832년에는 코데인을 추출했고, 1874년, 찰스 롬리 올더 라이트 그리고 독일 제약회사 바이엘의 한 화학자가 모르핀에서 헤로인을 합성했다.(이 물질이 모르핀 중독을 없애는 데 도움이 될 것으로 생각했던 이 기업에서 디아세틸모르핀에 영웅이라는 뜻의 '헤로인'이라는 이름을 붙였다.)

마법 버섯 위에 앉은 애벌레는 아편을 피웠던 걸까? 아니면 동양의 이미지를 부여하고, 애벌레의 조언에 동양의 지혜라는 느낌을 주기 위해 수연통을 그린 걸까? 어쨌든 향정신성 물질을 섭취한 동물은 애벌레뿐만이 아니다. 만성 아편중독자가 키우는 고양이들 역시 아편에 중독됐다는 사실이 밝혀졌고, 몇몇 동물은 자연에서 특정한 마법의 식물이나 버섯을 찾는다.

동물도 예외는 아니다

『이상한 나라의 앨리스』의 애벌레처럼, 어떤 동물은 향정신성 식물이나 버섯을 먹는다. 식물이나 버섯의 일부분만 조금씩 먹었다는 사실은, 영양섭취와는 상관이 없는, 목적이 분명한 행위임을 나타낸다. 인간이 먹게 된 어떤 식물이나 버섯은, 그것을 섭취한 동물의 행동변화를 관찰한 덕분에 발견되기도 했다. 이런 발견에 더해 실험도 이루어졌는데, 예를 들어 과학자들은, 생쥐와 쥐가 스트레스를 받는 상황에서는 자진해서 마약(아편이 든 물질 또는 코카인)이 있는 쪽으로 향했다는 사실을 밝혀냈다. 하지만 주의하기 바란다. 자연에서 찾을 수 있는 마약에 관해 이야기할 텐데, 절대로 섭취하지 말 것을 강력히 권고한다. 생쥐나 쥐처럼 스트레스를 줄이고 싶은 마음이라도 말이다.

우선 광대버섯 이야기를 다시 해보자. 시베리아에서는 순록이 광대버섯을 조금씩 먹는데, 먹고 난 뒤 몸을 비틀거리고, 머리를 사방으로 흔들며 방향을 잃은 것 같은 모습을 보인다. 순록은 자신이 환각에 빠졌다는 사실을 인식하고 있을까? 그 답을 알 길은 없지만, 어쨌든 그 경험이 불쾌하지는 않았을 확률이 높다. 왜냐하면 순록은 마약을 한 다른 순록의 소변을 핥는 것을 아주 좋아하기 때문이다. 사실 몸속에 들어온 이보테산의 80%가 소변으로 배출된다. 그러므로 이 소변을 먹으면 직접 버섯을 먹는 것과 비슷한 효과가 있다.

18세기 일화에 따르면, 시베리아에 사는 사람들에게도 이런 행동이 나타났었다. 아주 가난한 사람들이, 이 버섯을 먹는 호사를 누린 사람들의 소변을 수거해서 마셨다고 한다. 환각버섯을 좋아하는 동물이 순록만은 아니다. 염소 역시 환각버섯을 아주 좋아한다. 환각버섯을 먹은 염소도 마약에 취한 순록과 비슷한 행동을 보일 것이다.

그러나 동물들이 마법 버섯만 먹는 것은 아니다. 이제 중부 아프리카로 가보자. 현지인들은 자극제 및 환각제의 특성 때문에 이보가*Tabernanthe iboga*를 재배한다. 이보가의 뿌리나 껍질을 먹은 멧돼지가 극도의 흥분상태에 빠진 것을 관찰한 뒤 이보가의 환각 효과가 알려졌다. 고릴라, 호저, 코끼리, 맨드릴 원숭이 등 다른 동물도 이보가의 환각 효과를 느낀다. 특히, 맨드릴 원숭이는 특이한 행동을 보인다. 이보가를 먹은 뒤, 잠시 기다렸다가 경쟁자와 결투를 시작한다. 맨드릴 원숭이는 자신이 하는 일을 인지하고 있고, 마약효과가 나타나기를 기다리는 걸까? 아니면 마약이 이들의 억제력을 없애고 싸움에 더 민감하게 반응하도록 하는 걸까? 이에 대한 답을 얻기 위해서는 새로운 연구 결과를 기다려야 할 것 같다. 이보가의 활성물질 중 하나인 '이보가인'이라는 알칼로이드에 관한 연구도 진행 중이다. 이보가인은 용량에 따라 암페타민[30] 이나 환각제처럼 작용한다. 어떤 과학자들은 이보가인이, 코카인이나 헤로인 같은 마약을 끊는 데 도움을 줄 수 있다고 주장한다.

식물에서 유래한 또 다른 마약 역시 가축의 행동을 관찰하다가 발견했다. 암페타민과 유사한 효과를 내는 카트는, 아프리카 뿔 지역과 예멘이 원산지인 동일한 이름의 식물 카트*Catha edulis* 이파리를 씹는 방식으로 섭취한다. 카트 이파리의 환각효과는 염소를 관찰하면서 알려졌다. 염소들이 카트를 열광적으로 좋아하는 모습을 보이고, 카트를 보면 아주 먼 거리에서도 달려들었기 때문이다. 마찬가지로, 페루의 아메리카 인디언도, 무거운 짐을 지고 가던 라마가 길가에 난 이파리를 뜯어먹은 뒤, 다시 출발할 때 힘이 넘치는 모습을 보았다. 사람들도 그 이파리를 먹어보고 나서 코카나무 잎의 효과를 발견했다.

우리와 좀 더 가까운 사례로, 고양이를 기르는 사람이라면 고양이가 개박하(*Nepeta cataria*, '캣닢'이라고도 불림)의 냄새를 맡는 모습을 본 적이 있을 것이다. 개박하는 장난감 안에 말린 잎 형태로 들어 있거나, 스프레이로 분사하거나 반려묘에게 똑같은 반응을 불러일으킨다. 고양이는 개박하 냄새를 맡고 나면 바닥을 구르고, 몸을 비비고 흥분되고 행복한 상태가 된다. 이런 효과는 아주 짧은 시간만 지속되고, 고양이들이

30 중추신경과 교감신경을 흥분시키는 작용을 하는 각성제

모두 다 같은 방식으로 반응하지는 않는다. 이런 효과를 유발하는 물질은 휘발성 분자인 네페탈락톤인데, 스라소니, 호랑이, 사자, 퓨마 등 다른 고양잇과 동물들에게도 같은 반응을 일으킨다.

캣닢 또는 개박하

방식은 조금 다르지만 개박하는 일부 곤충에게도 영향을 준다. 하지만 이때는 행복감과는 거리가 멀다. 바퀴벌레, 흰개미, 모기 등을 쫓기 때문이다. 여러 연구를 통해 개박하 즉 캣닢의 구충효과가 드러났지만, 아직까지는 모기퇴치제로 그리 많이 쓰이지는 않는 듯하다. 독자 여러분이 직접 정원이나 창가 화분에 개박하를 심고 모기퇴치 효과를 확인해 보는 것도 좋을 것이다.(아주 쉽게 키울 수 있는 식물이다.) 하지만 벌레들이 윙윙대는 소리와 벌레 물린 곳의 가려움 대신, 행복에 빠진 고양이가 당신의 고요한 밤을 방해할지도 모른다.

일부 동물의 기분전환 활동에 관한 내용의 마무리로, 한 다큐멘터리에 소개된, 복어를 가지고 '놀고' 있는 돌고래의 모습을 이야기하려 한다. 복어는 스트레스를 받으면 테트로도톡신이라는 치명적인 신경독을 분비하는데, 소량의 경우 환각제처럼 작용할 수 있어서, 일부 학자들은 돌고래가 이 가여운 물고기를 가지고 놀면서 신경독소 주사를 맞는 것이라는 가설을 내세웠다. 러시아에서는 불곰이 경유와 등유의 증기를 마시고, 간혹 기절까지 하는 모습이 관찰됐다.(어떤 곰은 증기를 너무나 좋아한 나머지 석유통을 훔치기까지 한다.) 호주의 태즈메이니아주에서는 캥거루과의 왈라비가 양귀비를 먹으려고 양귀비밭에 침입한다. 인도에서도 목도리앵무가 양귀비밭에서 만찬을 즐긴다.

동물이 마약 효과를 자각하는 걸까? 아무도 확실히 말할 수 없다. 하지만 동물은 아주 적극적으로 마약 효과를 찾아나서는 것처럼 보이고, 일부는 의존 상태가 되기도 한다. 어떤 물질에 대한 의존은 앨리스의 모험에 등장하는 인물 중 한 사람에게서도 나타나는데, 그 사람은 바로 늘 찻잔과 함께 하는 모자 장수다. 이번에는 루이스 캐럴의 시대에 크게 유행했고, 마약이 아닌데도 중독되는 이 음료에 관심을 기울여보자. 모자 장수가 잘 표현했던 것처럼 *"이 이야기에서는, 모든 것이 티(tea)로 시작한다."*

3
끝이 없는 차 마시기

"시간은 내가 원하는 건 절대로 해주지 않아! 항상 내 시계는 여섯 시지."

"그래서 탁자 위에 찻잔과 받침이 이렇게나 많은 거였구나."

앨리스가 말했다.

"맞아. 바로 그 이유 때문이야. (…)항상 차를 마실 시간이지. 설거지할 시간조차 없어."

앨리스는 체셔 고양이를 만난 다음, 3월 토끼를 만나러 간다. 3월 토끼는 찻잔과 받침이 가득한 커다란 탁자에 앉아 있었다. 겨울잠쥐와 모자 장수도 함께였다. 이 부분은 작품 중에서 가장 상징적인 부분이고, 끝없이 차를 마셔야만 하는 모자 장수의 이미지는 이상한 나라와 떼려야 뗄 수 없다. 우리가 사는 세상이나 앨리스의 세상에서 지금은 "항상 차 마시는 시간이다." 그렇다고 해서 그 누구도 차 마시는 시간 때문에 화를 내지는 않는다. 사실, 차는 물 다음으로 사람들이 가장 많이 마시는 음료다. 매일 15억 잔의 차가 소비된다. 작품에서는 모자 장수가 차 애호가인 것처럼 나오지만, 실제로는 영국 사람이 아닌 튀르키예와 아일랜드 사람이 차를 가장 많이 마신다.

모든 것은 동백꽃 하나에서 시작된다

차 중에서는 홍차와 녹차가 가장 유명하지만, 다양한 가공방법과 각 나라의 특성에 따라 수많은 종류의 차가 존재한다. 백차, 녹차, 황차, 우롱차(블루티), 홍차, 보이차 등 일반적으로 여섯 종류로 나눈다. 유럽 사람들은 녹차와 홍차를 마시기 위해 각기 다른 식물 두 가지를 찾았다고 전해지는데(18세기의 식물학자 린네는 녹차의 학명을 '테아 비리디스*Thea viridis*'로, 홍차의 학명은 '테아 보헤아*Thea bohea*'로 정했다.) 실제로는, 단 하나의 식물 카멜리아 시넨시스*Camellia sinensis*로 모든 종류

카멜리아 시넨시스

카멜리아 야포니카

용도가 완전히 다른 두 가지 동백

의 차를 만든다.

그렇다고 해서 여러분의 정원에 있는 동백나무*camellia* 이파리를 우려내면 안 되니 주의해야 한다. 약 200종이 넘는 동백나무가 존재하지만, 카멜리아 탈리엔시스*Camellia taliensis* 같은 극히 일부의 야생 차나무를 제외하고, 카멜리아 시넨시스만이 차를 만드는 데 사용되기 때문이다. 여러분의 정원에 있는 나무는 틀림없이 중국과 일본이 원산지인 조경용 카멜리아 야포니카*Camellia japonica*나 카멜리아 사산콰*Camellia sasanqua*일 것이다. 이 동백나무들은 18세기, 영국의 한 선장이 중국의 차 무역독점을 깨뜨리고자, 유럽으로 들여온 것으로 알려졌다. 선장은 노력 끝에 이 나무를 손에 넣은 뒤 영국으로 가져왔다. 개화기가 오고, 작고 하얀 차나무의 꽃 대신 크고 화려한 꽃을 발견했을 때, 선장은 얼마나 놀랐을까. 실수였든 고의였든, 그가 가져온 나무는 사실 카멜리아 야포니카였다. 하지만 완전한 손해는 아니었다. 유럽 사람들은 이 꽃과 사랑에 빠졌고, 처음으로 핀 동백꽃들은 엄청나게 비싼 값에 팔렸다. 동백꽃에 대한 열광이 시작됐고, 식물 수집가들은 아시아에서 더 다양한 종을 들여오려고 경쟁했다.

프랑스는 나폴레옹 1세의 부인 조제핀 황후 덕분에 동백을 알게 됐다. 동백 애호가였던 황후는 말메종 정원에 다양한 품종을 심어 재배하도록 했다. 동백에 대한 열광은 19세기에 절정에 달했다. 향기가 없고 우아한 꽃은 후각이 예민한 사람을 괴롭게 하지도 않았고, 강한 향 때문에 머리를 아프게 하는 일도 없었다. 당시 패션에서 필수 장식품으로 자리한 동백꽃은 남성들의 부토니에, 여성들의 코사지나 머리장식에 쓰였다.

1848년 알렉상드르 뒤마 피스는 화류계 여인 마리 뒤플레시에 대한 자신의 사랑을 담은 『춘희』[31] 라는 소설을 발표했다. 소설에 따르면, 마리 뒤플레시는 동백꽃 색깔로 애인과 함께 지낼 수 있는지 여부를 표시했다고 한다. 한 달 중 대부분은 흰색 동백꽃을 달고 며칠만 붉은 동백꽃을 달았다. 진짜일까, 만든 이야기일까? 어쨌든, 소설이 성공을 거두

31 원제는 'La Dame aux camélias', '동백의 여인'이란 뜻

자 동백이라는 뜻의 프랑스 단어는 엘(l)이 두 번 들어가는 식물학적 명칭 'caméllia' 대신 작가가 선택한 철자대로 'camélia'로 쓰게 됐다. 사전에서는 두 가지가 모두 허용되니 마음에 드는 철자를 골라 쓰시길.

식물에서 차로

차나무를 얻었다면, 자라게 해야 한다. 차를 만드는 과정은 종류별로 유사하지만, 경작지와 수확 뒤 처리방법에 따라 맛이 달라진다.

차나무가 알맞게 잘 자라려면 비가 많이 와야 하고, 평균 18~20℃ 사이로 온도가 유지돼야 한다. 차나무는 고지대에서도 자라고, 추위도 견딜 수 있다. 실제로 해발 2,000m의 산속에 위치한 차밭도 있다. 하지만 얼음이 어는 날씨에는 취약하다. 일조량이 줄어들면 차나무는 휴면에 들어가고, 성장기간에 따라 차 생산은 특정 계절에 국한된다.

세계 최대 차 생산지는 아시아지만, 아프리카(케냐는 세계 4위 차 생산국이다.), 남미(브라질, 페루 등) 그리고 유럽과 가까운 곳으로는 튀르키예와 이란에서도 차를 생산한다. 하지만 기후변화 때문에 몇 년 뒤에는 차 생산지에 변화가 생길 수 있다. 인도의 아삼지역은 기후가 점점 더워지고 건조해지면서 차나무 성장을 방해했고, 결국 차 생산량이 급격히 줄었다. 차 재배, 채엽, 가공 등에 종사했던 사람들이 큰 타격을 받았다. 프랑스 대신 영국이 포도주로 유명해지고, 영국 대신 프랑스가 차로 유명해지기 전에 우리가 기후에 미치는 영향을 제한할 수 있도록 노력해보자.

경작지가 정해졌다면, 차나무 품종을 골라야 한다. 사실 차나무 종류는 거의 딱 하나만(카멜리아 시넨시스) 존재한다고 할 수 있는데, 5000년 전부터 재배해온 품종이다. 인간은 좋아하는 식물을 고르고 발전시켰다. 그렇게 세 가지 품종의 차나무도 생겨났다. 찬 기후에 적합한 시넨시스*sinensis*, 19세기 초 인도에서 발견된 열대기후에 적합한 아사미카*assamica*, **품종 교배**를 통해 새로운 식물을 만드는 데 주로 사용되는 캄보디엔시스*cambodiensis*. 선택한 경작지에 최대한 잘 적응하고, 원하는 품질의 차를 생산할 수 있는 품종을 얻기 위해 차나무를 교잡하는 것이다.

차나무를 재배하는 곳은 '다원'이라 부르는데, 다원의 면적은 1ha 미만부터 수천ha에 이르기까지 다양하다. 특정 와인 양조장의 호칭이 와인의 이름이 되듯, 일부 다원에서는 다른 찻잎과 섞지 않은 고유의 차를 생산하여 자기 다원의 이름을 붙인다. 여러 생산자가 수확한 찻잎을 혼합해서 차를 만들면 차 이름을 그 지역명으로 총칭한다. 다원에서는 좀 더 쉽게 찻잎을 딸 수 있도록, 차나무를 주기적으로 다듬는다.

찻잎이 어릴수록 진액, 즉 방향성 화합물이 많이 농축돼 있다. 차를 만들기 위해서는 '피코(pekoe)'라고도 불리는 줄기 끝에 나 있는 잎과 (차의 품질에 따라) 다른 여러 이파리를 딴다. 잎이 어릴수록 크기가 작고, 수확량도 적다. 차 1kg을 생산하기 위해서는 평균적으로 찻잎 5kg

하트 여왕은 헌상급 채엽으로 만든 차를 좋아하지만, 모두가 그렇게 까다롭지는 않다.

정도가 필요하다. 오래전부터 다양한 채엽방식이 공존해 왔는데, '헌상급' 채엽(imperial picking, 피코와 그 아래 잎 1개), '상급' 채엽(fine picking, 피코와 그 아래 잎 2개), '중급' 채엽(classic picking, 피코와 그 아래 잎 최소 3개) 등이 있다. 하지만 요즘에는 유행과 시장의 영향력에 따라 채엽방식이 달라지기 때문에, 이 용어를 많이 쓰지는 않는다. 혹시라도 우연한 기회에 왕실식탁에 앉게 되거든 헌상급 채엽으로 생산된 차는 과거 중국황제만 맛볼 수 있었다는 사실을 기억하기 바란다. 전설에 따르면 피코와 잎 하나는, 젊은 여성이 장갑을 끼고 황금 가위를 사용해서 채엽을 하고 황금 바구니에 넣었다. 체계가 잡혀 있었던 것이다. 그다음, 가공 방법에 따라 상품의 종류가 결정된다. 생산지에 따라 가공법이 다른데 그 모든 단계와 특성을 일일이 나열하기에는 너무 길기 때문에, 큰 줄기만 살펴보겠다. 채엽 다음은 '위조' 즉 시들게 하는 단계다. 찻잎을 널어두고 건조하는 단계인데 건조 조건과 시간은 차 종류에 따라 다르다.

백차는 어린 새싹과 이파리들, 아니면 미세한 은빛 솜털로 덮인 어린 새싹으로만 만든다. 백차 가공과정은 길지 않아, 찻잎을 위조하고 분류하는 것이 끝이다. 과거에 이 상품은 황제나 고관들을 위해 생산됐다.

황차의 생산과정도 백차와 동일하나, 황차는 잎을 가열('살청'과정) 한 뒤 바로 젖은 천으로 덮는다. 이렇게 하면 가벼운 **산화**가 일어나고, 찻잎이 노란빛을 띠게 된다. 중국에서 생산되는 제품이지만 흔치 않다.

녹차와 홍차는 가공과정이 좀 더 길다. 1차로, 위조 이후 살청과정을 거치는데, 위조단계에서 시작된 잎의 산화를 막아주는 단계다. 살청은 솥에 넣거나(중국 차) 증기로(일본 차) 할 수 있다. 그다음으로는 한 번 이상의 건조과정을 거친다. 2차로, 1차에서 했던 단계를 반복하지만 위조 이후, 찻잎이 산화되도록 몇 시간 동안 그대로 둔다. 다시 살청을 통해 산화를 멈춘다.

우롱차는 '반산화'차라고도 하는데, 녹차와 홍차의 중간 정도의 차로, 다원마다 산화 정도가 다르다.

마지막으로 보이차는 녹차와 동일한 생산과정을 거치지만, 추가로 둥글납작하게 압축한 뒤 저장하는데, 이 과정에서 **발효**가 일어난다.

겨울잠쥐에게는 납작하게 눌린 차도 아주 훌륭한 간식이다.

어떤 보이차는 수년에서 수십 년 동안 숙성시키기도 한다. 숙성이 오래된 보이차는 아주 귀해서 차시장에서 고가로 거래된다.

차에서 간식으로

이제 차의 비밀을 모두 알았으니, 앨리스의 간식 시간으로 돌아가보자. 모자 장수와 3월 토끼가 어떤 차를 마시고 있었는지 궁금하지 않은가?

차는 중국에서 5000년 전부터 알려졌지만 티베트 등 이웃 국가와의 무역은 6세기에야 시작됐다. 그러다 9세기에 일본에 차가 등장했고, 16세기, 대상들 덕분에 유럽의 관문인 러시아, 튀르키예, 이집트에 전해졌다. 서유럽에는 17세기 초, 배로 차를 들여온 네덜란드 사람들 덕분에 알려지게 됐다. 한 나라에 차가 소개된 경로가 육로인지 해로인지도 알 수 있는데, 차의 운송방법에 따라 차의 명칭이 달라져 왔기 때문이다. 일반적으로, 대륙을 통해 차를 수입한 나라에서는 중국어 '차cha'에서 유래한 단어를 사용해서 차를 지칭하는데, 이 단어들의 첫음절은 '츠'나 '슈'이다.(예를 들어, 러시아어로는 '차이'다.) 바다를 통해 차를 수입한 나라에서는 중국 남동부의 해안지방 푸젠성의 방언으로 차를 뜻하는 '테t'e'에서 파생된 단어(프랑스어로 테thé나 영어로 티tea처럼)를 사용한다.

17세기 중반, 영국에 차가 도입되자 영국인들은 차의 매력에 흠뻑 빠졌다. 차 무역을 독점하던 중국은 19세기부터 상대 국가에게 은화로 대금을 지불할 것을 요구했다. 그러자 영국은 차와 교환할 수 있는, 인도산 아편 밀매를 계획한다. 그럼에도 차를 수입하는 가격은 아주 높았기에, 영국인들은 자국 식민지에서 직접 차를 생산하는 방법을 찾기로 한다. 인도의 아삼지역에서 야생 차나무가 발견된 것은 매우 고무적인 일이었으나 차 가공 기술이 없는 상태에서는 보잘것없는 결과를 가져올 뿐이었다.

영국은 식물학자 로버트 포천을 중국으로 보내 몰래 차의 비밀을 알아내게 한다. 포천의 스파이 임무는 성공했고 1860년부터 영국인들도 인도 식민지 생산으로 차를 자급할 수 있게 됐다.

소설 『땅속 나라의 앨리스』에서 소개된 보트놀이가 1862년에 실제로도 성행했던 것으로 보아, 모자 장수와 3월 토끼가 마신 차는 당시 영국인들이 마셨던 인도산 홍차일 확률이 높다.

차가 세상에 미친 영향은 이게 다가 아니다. 영국의 식민지들은 영국에서 수입하는 차에 대해 관세를 내야 했는데, 이 관세 때문에 그 유명한 '보스턴 차 사건'이 촉발된다. 1773년 12월 16일, 동인도회사가 과도한 세금을 선취한 것에 항의해 식민지인들이 차 상자들을 바다에 던져버렸는데, 이는 미국혁명의 불씨가 됐다. 유럽으로 향하는 화물선에는 차 말고도 중국 장미도 있었다. 꽃의 본래 향 때문인지, 상자 안에 차와 함께 담겨 운반돼서 차향이 배었기 때문인지 이 장미는 '티로즈(tea rose)'라고 불렸다. 새로운 색깔이었고 **반복 개화**가 가능한 이 장미는 유럽 장미의 진화에 큰 기여를 했다. 아름답고 향기로운 장미 화단이 없다면, 영국 정원의 티파티가 무슨 의미가 있을까?

4
말하는 꽃

"그게 말이죠, 아가씨, 보시다시피 여기에는 붉은 장미 나무를 심어야 하거든요.
그런데 우리가 실수로 하얀 장미 나무를 하나 심어버렸어요.
여왕님이 아시는 날엔 우리 모두 목이 잘릴 게 뻔해요."

여왕은 붉은 장미를 좋아한다

작은 황금 열쇠로 문을 열자 앨리스는 넓은 장미밭이 펼쳐진 하트 여왕의 정원에 도착한다. 지금은 장미가 '꽃들의 여왕'이고 어느 정원에서든 쉽게 볼 수 있지만, 항상 그랬던 것은 아니다.

1637년 끝이 난 '튤립 파동'의 원인인 셈페르 아우구스투스 튤립

고대시대에 사람들(이집트인과 로마인들)의 사랑을 받았던 장미는 로마제국 몰락 이후 서양에서 인기를 잃고, 방향식물이나 약용식물로 재배됐다. 19세기까지도 대중의 관심은 거의 없었다. 당시에 유행했던 꽃은 튤립처럼 구근(역사상 처음으로 기록된 17세기 거품경제의 원인. 튤립파동 당시, 셈페르 아우구스투스*Semper augustus* 튤립 구근 하나가 집 여러 채의 가격에 맞먹는 수준까지 치솟았다.)이 있는 꽃이었다.

그래도 예술가들은 장미를 사랑했고, 덕분에 장미는 특별한 상징적 가치를 지니게 됐다. 기독교에서는 하얀 장미를 순수한 사랑의 상징인 성모 마리아의 꽃으로 삼았다. 장미는 귀족의 상징이기도 했다. 9세기, 영국에서는 붉은 장미를 문장으로 하는 랭커스터가와 하얀 장미를 문장으로 하는 요크가 두 가문이 전쟁을 벌였다. '장미 전쟁'이라 불린 이 전쟁은 헨리 튜더가 왕위에 오르면서 끝이 났고, 화합의 뜻으로 두 가문을 상징하는 두 꽃이 왕실의 문장으로 채택됐다.

교역로가 열리면서 아시아에서 새로운 장미들이 들어왔다. 원예가들은 점점 더 많은 장미 종류를 교배했다. 장미에 대한 열정이 피어났고, 19세기에 절정을 이뤘다. 프랑스에서는 조제핀 드보아르네 황후가(그렇다, 또 그녀다.) 장미 홍보대사나 마찬가지였다. 조제핀 황후는 말메종의 영지에 수백 가지 품종의 장미를 길렀다. 바로 이 시기에 장미 품종 개발자들이 많아졌고, 오늘날 볼 수 있는 장미 나무들이 생겨났다.

야생 장미와 재배 장미

현재 약 4만 가지가 넘는 장미 품종이 존재하는데, 모두 북반구의 야생 장미종에서 파생되었다. 그 가운데 장미과에 속하는 것은 약 150종이다.(장미과에는 사과나무, 배나무, 체리나무, 아몬드나무, 딸기나무, 산딸기나무 등 많은 과실수가 포함된다.) 장미속의 종은 꽃잎이 네 개에서 여덟 개인 홑꽃이고, 줄기에 가시가 있다. 사실 우리가 장미 가시를 말할 때, 흔히 프랑스어로 가시를 'épine(에핀)'이라고 하는데,

'aiguillon(에기용)'이 정확한 표현이다. 에핀은 식물의 기관이 가시로 변한 것이어서, 도관이 있고, 제거할 경우 식물을 상하게 한다.(선인장이나 가시금작화와 마찬가지다.) 반대로 에기용은 식물의 표피가 돌출한 것이다. 그래서 제거해도 작은 흔적만 남고, 식물 조직에 상처를 입히지 않는다.(장미, 엉겅퀴류와 마찬가지임)

장미는 동양과 서양에서 고대부터 재배돼왔고, 바로 이때부터 첫 선택이 이루어졌다. 사실, 개화 이후, 꽃은 씨앗이 들어 있는 열매를 맺는데, 이 씨앗은 같은 그루 안에서 자화수정을 하거나, 같은 종 두 그루를 교배시켜 얻을 수 있다. 새롭게 태어난 식물은 모본과 유사한 경우도 있고, 모본의 특징이 섞이거나 **돌연변이**가 일어난 결과로 여러 변이(예를 들어 꽃잎이 두 배 더 많은 경우)를 나타내기도 한다. 이렇듯 원예사들은 자신이 가장 마음에 드는 변이를 보인 식물만 보존하면서 새로운 품종의 장미를 만들어냈다.

처음에는 곤충이나 바람에 의한 화분 운반에 의해 우연히 교배가 이뤄졌다. 원예사들은 새로운 교배를 장려하기 위해, 다양한 품종의 장미가 있는 대규모 묘목장을 설치하고, 마음에 드는 품종을 선택했다. 그러다가 19세기 중반부터 장미 재배인들이 한 꽃에서 다른 꽃으로 직접 꽃가루를 옮기면서 번식을 통제하기 시작했다. 이들은 품종 교배인이 되었고, 필요한 특징을 가진 장미들을 교배하면서 품종 개발을 기획했다.

옛날 장미와 현대 장미

엄청나게 많은 장미 품종들 사이에서 갈피를 잡기는 쉽지 않았다. 그래서 장미 품종을 여러 그룹으로 분류하기 시작했고, 새로운 장미는 원산지와 계통에 따라 그룹을 나눴다. 그래서 한 그룹에 묶인 장미나무들은 관리나 가지치기 등에 대해 서로 공통된 특성을 갖고 있었다. 이들 장미 그룹은 옛날 장미와 현대 장미, 두 가지 범주로 나눌 수 있다.

옛날 장미는 20세기 이전에 만들어진 품종에서 유래한, 주로 고대에 꽃향기 때문에 재배되던 종이다. 갈리크로즈, 센티폴리아로즈, 모스로즈, 다마스크로즈, 화이트로즈, 부르봉로즈, 누아제트로즈, 티로즈 등의 장미가 옛날 장미에 속한다. 1867년 리옹에서 '라프랑스'라고 명명된 장미가 생겨난 이후에 등장한 장미들을 현대 장미라고 한다.

라프랑스 장미는 티로즈(Tea rose)의 잡종 즉, 티로즈와 반복 개화 특징을 가진 잡종 사이의 교배에 의해 생겨난 장미다. 티로즈의 잡종은 20세기 동안 가장 널리 퍼진 장미가 되었다. 향기는 거의 없지만, 꽃잎이 길고, 지속적으로 개화가 이루어지며, 아주 다양한 색상이 있다. 유일하게 없는 색깔이 바로 파랑인데, 장미에는 꽃잎을 파랗게 만드는 색소, 델피니딘을 자라게 하는 유전자가 거의 없기 때문이다. 유전학의 발전으로 2004년 이 색소를 만들어낼 수 있는 유전자 변형 장미가 탄생했지만 꽃 색은 보랏빛이 나는 파란색이었다. 사실 이 보랏빛은 꽃잎의 피에이치(pH)가 산성이기 때문에 만들어진 것으로 추정된다. 과학자들은 장미 꽃잎의 피에이치를 바꿔보려 노력하고 있지만, 이런 변환은 장미나무의 대사에 영향을 줄 수 있기 때문에 쉽지 않다.

장미를 붉게 칠하자

앨리스는 하트 여왕을 만나기 전, 목이 잘릴까 두려워서 하얀 장미를 붉은색으로 칠하고 있던 정원사 세 명을 만난다. 앞에서 살펴본 것처럼, 같은 종의 장미도 서로 다른 색깔의 꽃을 피울 수 있다. 그런데 꽃의 색은 어디에서 오는 걸까?

장미의 색은 세포에 존재하는 색소들 덕분에 나타난다. 색소들은 특정 **파장**을 흡수하고, 나머지는 반사하는데 이것이 우리 눈에 색으로 보이는 것이다. 눈에 보이는 거의 모든 파장을 갖고 있는 태양빛은, 전부

낮의 햇빛　　　　블랙라이트(자외선)

자연광과 자외선을 받은 꽃의 모습. 곤충에게 보이는 꽃잎 위의 '점'들은 곤충을 꽃꿀로 안내한다.

반사될 경우, 색소가 흰색으로 나타난다. 반대로, 모든 파장이 흡수된다면 검은색으로 보인다. 식물의 엽록체(광합성을 가능하게 하는 세포 소기관)는 푸른색 및 붉은색 파장을 주로 흡수하는 색소(엽록소 a, b와 카로티노이드)를 가지고 있다. 이 때문에 식물이 우리 눈에 초록색으로 보이는 것이다. 어떤 식물에 붉은색과 푸른색 빛만 비춘다면, 그 식물은 검은색으로 보인다. 반사할 초록색 빛이 없기 때문이다.

꽃잎의 세포 안에서는 카로티노이드, 플라보노이드, 베타레인 등 주로 이 세 가지 색소가 우리가 아는 다양한 색깔을 낸다. 노란색과 주황색 사이의 색은 카로티노이드를 통해서, 붉은빛과 보랏빛 사이의 색은 플라보노이드의 하나인 안토시아닌, 붉은색, 노란색, 보라색은 베타레인을 통해 나타난다. 이 색소 중 일부는 열의 방사로부터 식물을 보호하는 역할도 하는데, 열을 흡수해 식물조직이 손상을 입지 않도록 한다. 꽃 중에 아주 진한 붉은색이나 보라색은 있어도 완전히 검은색 꽃은 존재하지 않는다. 빛의 일부는 언제나 반사되기 때문이다.

색깔이 나타나는 것은 빛과 상호작용을 하는 미세조직 때문이기도 하다. 어떤 파장은 반사되고, 다른 파장은 흡수되거나 전달된다. 이런 변환은 빛의 분해로 이어질 수 있다. 하지만 빛은 모든 파장에 대해 정확히 같은 방향으로 다시 방출되지 않고, 관찰하는 각도에 따라 다른 색을 볼 수 있다. 이를 '구조색'이라고 한다. 이런 현상은 동물들에게서 널리 관찰된다. 예를 들어서, 이 현상 때문에 일부 풍뎅잇과 곤충 등 껍데기 색이 무지갯빛으로 보이고, 모르포나비속 일부 나비의 날개가 (인간의 눈에) 푸른색으로 보인다.(실제로 이 나비는 푸른색 색소를 전혀 갖고 있지 않다.) 보는 각도에 따라 빛이 달라지는 이런 현상은 튤립 *Tulipa sp.*, 수박풀꽃*Hibiscus trionum*, 멘첼리아 린들레야*Mentzelia lindleyi* 등의 꽃에서도 발견됐다.

꽃이 색을 가지는 것은 꽃에 존재하는 바이러스 때문일 수도 있다. 튤립브레이킹바이러스(TBV)의 경우, 안토시아닌의 양을 변화시켜서 화피(꽃잎과 꽃받침)에 대리석 무늬가 나타나게 한다. 꽃의 색은 식물이 심겨 있는 토양의 피에이치에 따라 달라질 수도 있다. 잘 알려진 예로, 수국(큰잎수국*Hydrangea macrophylla*과 산수국*H.serrata*)은 땅을 산성화시키는 알루미늄 이온의 존재 여부에 따라, 산성 토양에서는 꽃송이가 푸른색이고, 토양이 염기성일 때에는 분홍색이다. 지치과의 큰꽃말이속*Cynoglossum officinale*, 에키움*Echium vulgare*, 풀모나리아*Pulmonaria officinalis* 등 일부 꽃들은 생애주기 중간에 색을 바꾸기도 한다. 먼저 붉은 분홍색이었던 꽃은 세포 내의 피에이치가 변화함에 따라 푸른색이 된다. 안토시아닌은 피에이치에 따라 꽃이 다른 빛깔을 띠게 한다. 산성일 경우 분홍색이고, 염기성일 경우 초록색 빛을 띤다.

적양배추 같은 일부 채소에도 안토시아닌이 함유돼 있어서, 집에서도 실험할 수 있다. 적양배추즙에 레몬이나 식초를 살짝 떨어뜨리면 예쁜 분홍색이 생긴다. 그런 다음 탄산수소나트륨을 넣으면 용액은 보라색이 됐다가, 추가되는 양에 따라 파란색으로 변한다.(게다가, 탄산수소나트륨과 식초를 섞으면 거품이 생기는데 아이에게나 어른에게나 즐거운 실험이 된다.) 하지만 우리 눈을 즐겁게 하려고 혹은 앨리스에게 정원에서 산책하고 싶은 마음이 생기게 하려고, 모든 색이 존재하는 것은 아니다. 꽃의 역할은 아주 분명하다.

꽃이란 무엇일까?

이번에는 성에 관해 이야기할 것이기 때문에, 충분한 사전 정보가 있는 독자만 읽기를 권한다. 사실, 꽃은 속씨식물(문자 그대로 '속에 씨가 있는' 식물로, 꽃이 피는 식물이 여기에 해당하는데, 육상식물의 90%

이상이 속씨식물이다.)에서 번식을 담당하는 기관이다. 다음번에 여러분이 누군가에게 꽃다발을 선물할 때 이 사실을 떠올려보시길.

식물의 성은 17세기 말에 발견됐지만, 그 이후로도 약 100년 동안 수많은 논쟁이 있었다. 식물을 생식기관에 따라 분류한 린네의 분류법은 음란한 것으로 여겨져 물의를 일으켰지만 차츰 사회에서도 받아들이기 시작했다. 18세기와 19세기, 식물학은 부유한 집 어린 딸들의 취미생활로 유행했다. 당시에는 단순하고 순화된 방식으로 여성에게만 식물학을 가르쳤다. 논란은 뒤로 하고 꽃을 좀 더 가까이서 살펴보자.

꽃의 내부를 들여다보면 우선, 대부분 초록색인 꽃받침 조각(꽃받침 조각이 모여 꽃받침이 된다.)이 개화 이전의 꽃을 조심스레 감싸고 있다. 그다음, 꽃잎으로 구성된 화관이 있는데, 화관은 수분 매개체를 끌어당기는 미끼 역할을 한다. 이 부분에 관해서는 나중에 다시 이야기하겠다. 이어서, 암수 꽃인 경우, 웅성 번식기관(수술군)과 자성 번식기관(암술)이 함께 있다. 수술군은 하나 이상의 수술로 이루어져 있고, 수술의 끝부분인 꽃밥에서 꽃가루(웅성 생식세포를 담고 있음)를 만든다. '암술'이라고도 불리는 암술군은 하나 이상의 심피로 구성되는데, 심피의 맨 아래에는 자성 생식세포가 있는 씨방이 있다. 꽃의 대략적인 구조는 이렇지만, 실제로는 매우 다양한 꽃이 존재한다. 어떤 선인장의 경우 꽃잎과 꽃받침 조각이 똑같은데, 이를 '화피(Tepal)'라 부른다. 벼과(옛 화본과) 식물에는 꽃잎도 꽃받침 조각도 없다. 부겐빌레아와 포인세티아의 경우, 우리가 흔히 꽃잎이라고 칭하는 색깔이 있는 부분이 사실은 포엽(꽃의 아래 부분에 위치한 이파리들)이다.

꽃들이 모두 암수한꽃은 아니다. 오리나무속, 자작나무속의 나무나 옥수수는 꽃에 있는 번식기관이 자성이거나 웅성 딱 한 가지인 경우도 있다. 생애주기 동안 성을 바꾸는 꽃도 있다. 처음에 웅성이었다가 나중에 자성이 되거나 반대로 되는 것이다. 쐐기풀속이나 홉 같은 다른 식물은 아예 한 가지 성만 가지고 있다. 이 식물들의 꽃은 모두 수꽃이거나 모두 암꽃이다. 이런 경우 '자웅 이주'라고 부른다. 모든 형태가 존재한다. 백리향속 식물은 암수한꽃이거나 암꽃이고, 필리레아 안구스티폴리아*Phillyrea angustifolia*는 그 반대다. 파파야는 다 가능하다. 암수한꽃인 개체도 있고, 암꽃만 가진 개체, 수꽃만 가진 개체 또는 한 가지 성만 가진 꽃과 암수한꽃이 한데 섞인 개체도 있다. 게다가 이 모든 게 생애주기 동안 바뀔 수 있다. 어쨌든 번식이 가능하려면, 같은 식물의 꽃가루가 암술머리로 와서 붙어야 한다. 수정이 되면, 씨들이 들어 있는 씨방은 열매로 변한다.

꽃의 형태는 수정되는 방식에 따라 달라진다. 바람에 의존하는 식물은 꽃이 작고 색이 화려하지 않으며, 꽃가루를 많이 만든다. 동물의 도움이 필요한 식물은 반대로, 꽃이 크고 색깔이나 향이 두드러진다. '동물'이라고 말한 것은, 흔히 곤충이 꽃의 수분을 돕는다고 생각하기 쉽지만, 박쥐, 조류, 다람쥐, 유대류 동물 등 다른 생물도 수분 매개체가 될 수 있기 때문이다. 몇몇 도마뱀과 연체동물 심지어 사람(사람은 예를 들어 바닐라의 수분을 돕는다.)도 마찬가지다. 꽃가루를 옮겨줄 동

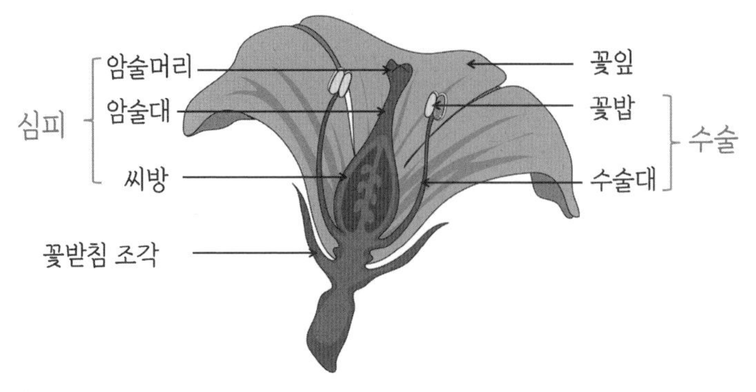

꽃의 형태

물을 유인할 만한 매력적인 쇼윈도를 준비하고, 동물에게 달콤한 보상인 꽃꿀(화밀)을 얻도록 하는 것은 중요하다. 그렇다고 늘 먹이로 동물을 유인하는 것은 아니다. '꿀벌난초'라 불리는 난초는 암컷 꿀벌이 혼자 있는 모습을 흉내 낸다. 이 모습을 보고 속은 수컷 꿀벌이 날아와 이 예쁜 꽃과 교미하려 하지만 실패하고, 온몸에 꽃가루만 뒤집어쓴 채 다시 날아간다.

이렇듯 꽃의 색은 수분에 있어서 큰 역할을 한다. 장미도 앨리스에게 이렇게 이야기한다. *"그래도 네 색깔은 괜찮아, 오래가겠어."* 수분 매개체마다 각자 이끌리는 색이 있다. 곤충은 붉은색을 보지 못하지만, 새는 붉은색에 특히나 많이 이끌린다. 꽃은 곤충을 유인하기 위해, 곤충을 꽃꿀로 이끌어줄 표시가 남겨진 자외선(인간의 눈으로는 볼 수 없는 파장, 곤충은 아주 잘 볼 수 있다.)을 방출한다. 색의 변화는 곤충에게 정보를 전달하는 역할도 한다. 예를 들어, 마로니에꽃은 원래 가운데가 노란색인데, 수분이 이루어지고 나면 붉은색으로 바뀌어 수분 매개체에게 덜 매력적으로 보인다. 델피니움이나 히아신스 같은 꽃은 총상꽃차례로 여러 개의 꽃이 모여 피어서 마치 커다란 꽃 한 송이가 피어 있는 인상을 준다. 데이지와 불란서국화도, 총상꽃차례로 꽃이 모여 피어 하나의 꽃 같은 느낌을 준다. 그렇다! 우리가 '데이지' 한 송이라고 부르는 꽃은 사실 작은 꽃이 모여 있는 것이다. 가운데에 있는 꽃은 노란색 튜브 모양으로, 수술 여러 개와 암술 하나를 갖고 있는 반면, 그 둘레에 있는 꽃은 얇고 가는 모양의 흰색으로 생식기능이 없거나 암꽃만 있다. 민들레와 토끼풀도 마찬가지다. 우리가 꽃잎이라고 부르는 부분은 사실 모두 작은 꽃이다. 다음에 산책을 나갈 때 한번 자세히 들여다보시라.

크기, 색깔, 모양, 향기 등 이 모든 것은 약 1억 3,500만 년 전, 꽃피는 식물이 처음 생겨난 이후 이루어진 진화과정의 결과물이다. 어떤 꽃은 아주 많은 수의 동물을 통해 수분을 하고, 또 어떤 꽃은 특정 수분 매개체와 공진화했다. 그러나 식물이 이렇게 수분 매개체를 유혹하는 이야기는 아름답지만은 않다. 식물이 꽃꿀을 만드는 것은 큰 희생이 필요한 일이다. 그렇기에 최선의 전략은 동물이 최대한 많은 화분을 옮기면서 꽃꿀은 아주 조금만 가져가는 것이다. 하지만 동물은 먹이라는 보상이 있어야 움직인다. 이렇듯 상반된 목적으로 인해 진정한 '군비경쟁'이 벌어지기도 한다.

5

제자리에 있기 위한 경주

그런데 가장 이상했던 건,

주변에 있는 나무와 다른 것의

위치가 전혀 바뀌지 않았다는 사실이다.

앨리스와 여왕은 전력을 다해 달렸지만,

아무것도 앞지르지 못한 것 같았다.

'앨리스'의 이야기를 가지고 과학책을 쓰면서 붉은 여왕의 가설 이야기를 빼놓을 수는 없다. 이 가설은 『거울 나라의 앨리스』의 한 부분을 반영해 이름이 지어졌다. 앨리스는 꽃들을 만난 다음 붉은 여왕을 만난다. 여왕은 앨리스를 말도 안 되는 경주에 끌어들이고는 계속 더 빨리 뛰라고 재촉한다. 한참을 달린 끝에 앨리스는 자신이 처음 있던 곳에 그대로 있다는 사실을 깨닫고, 여왕은 앨리스에게 이렇게 답한다.

"여기서는 원래 있던 곳에 있으려면 전력을 다해서 달려야 해."

미국의 과학자 리 밴 베일런은 1973년 이 단락을 이용해 종의 멸종 법칙을 설명했다. 밴 베일런은 과거부터 대규모 멸종사건을 제외하고, 종들은 일정한 확률로 소멸해왔다는 사실을 발견했다.

같은 자리에 있기 위해 계속해서 달려야 하는 앨리스와 여왕처럼, 생물 역시 포식자들, 질병, 기생충 등의 상황에 맞춰 빠르게 변화해야 한다는 것이다. 끊임없이 진화하는 환경에서, 가만히 있다가는 사라져 버릴 수밖에 없다. 그래서 가끔은 엄청난 군비 경쟁이 벌어지기도 한다.

주의할 점은, 동물이나 식물이 어느 날 아침 잠에서 깨어나 어떤 행동이나 형태를 바꾸기로 결심하는 건 아니라는 것이다. 변화는 오랜 시간에 걸쳐 일어난다. 한 개체는 수정과 발달에 따라 이롭거나, 특징이 없거나, 해로운 특성을 물려받는데, 이 특성은 생존과 특정 환경에서 후손을 번식하는 능력에 영향을 준다. 만약 그 특성이 개체에게 이점을 준다면, 같은 종의 다른 개체에 비해 번식에 성공할 가능성이 더 높다. 그러면 개체는 자손에게 그 특징을 물려줄 것이다. 그렇게 여러 세대가 지나면서 이점이 유지된다면, 그 종의 **유전 형질**이 바뀌면서 점점 더 많은 개체가 그 특성을 가지게 될 것이다. 행동 역시 진화한다. 만약 한 개체가 먹이에 접근하기 위한 도구 사용 같은, 자신에게 이익이 되는 새로운 행동을 한다면, 이 행동이 후손이나 무리 내 다른 구성원에게도 전파될 확률이 높다. 그러다 보면 무리 내 모든 개체의 행동에 변화가 생기고 심지어 어떤 경우에는 종 전체의 행동도 변화할 수 있다.

붉은 여왕과 주변 환경이 움직이는 곳에서 벌어지는 미친 듯한 달리기 이야기로 돌아가보자. 생물종이 서로에게 의존하는 상황에서는 "제자리에 있지 않으려면" 즉, 사라지지 않으려면, 같은 종의 누군가가 발견한 새로운 전략에 적응해야 한다. 만약 어떤 먹잇감이 자연선택에 의해 포식자보다 더 빨리 달린다면, 포식자는 그 먹잇감만큼 빠르거나, 다른 사냥감을 찾아야만 살아남을 것이다. 다윈은 이 원칙을 토대로, 40년 뒤에나 증명이 가능한 예측을 했다.

난초와 나비

두 유기체의 경쟁에 관한 유명한 일화 중 다윈의 난초 혹은 '베들레헴의 별*Angraecum sesquipedale*' 이야기가 있다. 마다가스카르가 원산지인 이 **착생**란은 별 모양의 아름다운 흰색 꽃을 피우는데, 꽃의 **꿀주머니**는 길이가 25~30cm에 달하고, 이 기다란 꿀주머니의 바닥에 꽃꿀이 있다.

다윈은 1862년에 집필한 『난초의 수정Fertilisation of Orchids』이라는 책에서 이 난초를 언급했다. 다윈은 마다가스카르에서 이 꽃의 샘플을 받았는데, 꿀주머니 크기가 매우 인상적이었다. 마다가스카르에 사는 곤충과 그 특성을 살펴본 다윈은, 난초의 수분이 가능하기 위해서는 분명히 섬에 주둥이 길이가 최소 25cm인 나방이 존재할 것이라고 예측했다. 다윈의 추론은 단순했다. 꽃은 수분 매개체를 유인하기 위해 꽃꿀을 만들고, 수분 매개체는 꽃꿀을 먹으면서 꽃가루를 몸에 묻혀서 다른 꽃으로 운반한다. 하지만 꽃이 꽃꿀을 만드는 데는 많은 에너지가 쓰인다. 그렇기 때문에 수분 매개체는 최소한의 꽃꿀만을 먹어야 한다. 반대로, 꽃꿀을 먹기 쉽다면 수분 매개체는 먹잇감을 얻는데 아주 적은 에너지만을 쓰게 된다.

난초와 나방 이야기로 돌아가보자. 만약 꿀주머니가 나방 주둥이보다 작다면, 나방은 꽃에서 멀리 떨어져 있어도 쉽게 꽃꿀에 닿을 수 있고, 그러면 꽃가루를 몸에 묻혀 다른 곳으로 전달하지 않는다. 수정도 이뤄지지 않고, 씨앗도 생겨나지 않을 것이다. 이 경우라면, 난초는 번식 가능성이 줄고, 멸종할 확률이 아주 높아진다. 반대로, 만약 꿀주머니가 나방의 주둥이보다 약간 크다면, 나방은 꽃꿀을 먹는 게 좀 더 어려워지고, 꿀주머니에 더 가까이 가야 한다. 그러면 꽃은 꽃꿀을 많이 만들지 않고서도 수분에 성공하고, 씨앗 생산이나 병을 막는 데 더 많은 에너지를 쓸 수 있다. 장점으로 작용하는 이 특성은 틀림없이 개체군 사이에 확산된다.

나방의 입장도 마찬가지다. 다른 개체보다 주둥이가 약간 긴 나방은 훨씬 쉽게 먹잇감을 얻고, 번식에 더 많은 에너지를 쓸 것이며, 이런 특성은 개체군에서 확산될 것이다. 바로 여기에서 그 대단한 '군비 경쟁'이 벌어진다. 더 긴 꿀주머니를 가진 꽃들이 유리해지고, 더 긴 주둥이를 가진 나방이 선택되는 것이다. 유전적 돌연변이 때문에 주둥이 길이가 다양한 나방이 출현하지만, 긴 꿀주머니를 가진 꽃의 존재로 인해, 역시 긴 주둥이 나방이 선택된다.

또 다른 요인도 한몫한다. 새로운 특성이 오랜 시간 보존되려면, 이 특성이 다른 측면에서 불리하게 작용하면 안 된다. 예를 들어서, 긴 주둥이가 먹이를 얻는 데 유리하지만, 날아다닐 때 균형을 깨거나 포식자로부터 도망치는 데 방해된다면, 번식에 해가 되므로 이 특성이 반드시 선택되지는 않는다. 그 결과로 아주 긴 꿀주머니를 가진 난초에게 오는 나방의 수가 줄어, 난초는 씨앗을 덜 만들어내게 된다. 그러므로 생물종의 생활조건과 환경을 모두 고려해야 한다.

다윈을 비방하는 이들은 주둥이 길이가 최소 25cm인 나방이 존재할 것이라는 예측을 비웃었지만, 동료이자 친구인 앨프리드 월리스(자연선택 이론의 공동발견자)는 다윈의 예측을 지지했다. 1867년, 앨프리드 월리스는 아프리카에 존재하는 나방 종을 토대로, 크산토판 박각시나방*Xanthopan morganii*이 베들레헴의 별을 수분시킬 수 있는 그 신비한 곤충일 수 있다고 예측했다. 1903년, 이런 특성을 가진 나방이 발견되면서 두 과학자의 예측은 옳았던 것으로 판명났다. 마다가스카르에서 발견된 이 아종은 월리스의 예측에 따라 '크산토판 모르가니 프레딕타*Xanthopan morgani praedicta*'라 명명됐다.

토머스 우드가 월리스의 묘사를 토대로 그린 '베들레헴의 별'의 수분 매개체 그림(1867)

1992년에도 마다가스카르에서 꿀주머니 길이가 약 40cm에 이르는, 흰 꽃을 가진 또 다른 난초가 발견됐고 '앙그레쿰 롱기칼카르*Angraecum longicalcar*'라는 이름이 붙었다. 탐험가와 미래의 탐험가들에게 알린다. 이 난초의 수분 매개체는 아직까지 발견되지 않았다. 실제로 존재한다면 말이다. 영국의 과학자 조지 W. 베칼로니는 2017년 발표한 논문에서, 크산토판 모르가니 프레딕타 나방보다 더 큰 나방의 존재 가능성은 희박하다고 발표했다. 이 난초는 다윈의 난초를 모방했을 가능성이 있고, 그렇기 때문에 동일한 나방을 통해 수분이 이뤄질 수 있다는 것이다.(다만, 실제로 그 나방이 꽃꿀을 가져오지는 못한다.) 이 난초가 자가수분을 할 가능성도 생각해볼 수 있다. 미스터리는 여전히 풀리지 않았다!

혀끝에서 느껴지는 꽃꿀

인상적인 길이의 기관을 가지고 꽃꿀을 얻는 동물이 박각시나방만 있는 것은 아니다. 예를 들어, 남아공의 드라켄즈버그 지역에 서식하는 잘루지안스키아 미크로시폰(*Zaluzianskya microsiphon*, 현삼과에 속함)이라는 꽃은, 주둥이 길이가 몸길이의 두 배에 달하는 프로세카 강글바우에리 *Prosoeca ganglbaueri*라는 파리를 통해서만 수분을 한다. 이런 현상은 곤충에게서만 나타나지 않는다. 칼부리벌새*Ensifera ensifera*는 부리의 길이가 10cm인데 반해 꼬리까지 포함한 몸 전체 길이는 14cm에 불과하다. 이 새의 긴 혀와 부리는, 다른 벌새들은 접근할 수 없는 긴 화관을 가진 꽃의 꽃꿀을 먹을 수 있게 해준다. 칼부리벌새는 예쁜 분홍색 시계꽃인 파시플로라 믹스타*Passiflora mixta*의 유일한 수분 매개체인데, 이 꽃의 화관 길이는 칼부리벌새 부리 길이와 똑같다.

마지막으로, 어떤 박쥐는 튜브 모양의 깊은 화관을 가진 꽃 안에 든 꽃꿀을 잘 꺼내먹을 수 있다. 사실, 유럽 박쥐는 곤충(모기를 잡아먹는데, 인간의 관점에서는 아주 좋을 수도 있다.)을 먹지만, 다른 박쥐들은 꽃꿀이나 꽃가루, 열매를 먹기도 한다. 에콰도르의 구름숲에 사는 이 특별한 박쥐는, 2005년 네이선 무찰라 교수와 동료들에 의해 발견됐다. 이 박쥐는 아랫입술이 튜브 모양이라서 아누라 피스툴라타(*Anoura fistulata*, fistula는 라틴어로 '튜브'라는 뜻)라는 이름을 갖게 됐다. 이 박쥐의 혀는 길이가 8.5cm 정도인데, 전체 몸길이의 약 1.5배에 해당한다. 게다가 혀를 입 안에 넣어둘 수 없어서, 심장과 흉골 사이의 흉곽까지 이어지는 특수한 빈 공간에 넣어둔다. 덕분에 박쥐는 화관의 길이가 약 8cm인, 흰색과 초록색이 섞인 켄트로포곤 니그리칸스*Centropogon nigricans*라는 꽃의 유일한 수분 매개체다.

식물과 수분 매개체 사이의 적응현상은 매우 신비롭지만 둘 사이의 균형은 언제든 깨질 수 있다. 둘 중 하나가 사라진다면 나머지 역시 멸종될 위험이 있다. 다윈 역시 베들레헴의 별 난초에 대해 이렇게 말했다.

"만약 그런 거대 나방종이 마다가스카르에서 멸종된 상태라면, 앙그레쿰 역시 멸종될 것이라는 사실을 확신할 수 있다. 또한, (···), 앙그레쿰의 멸종 역시 이 나방에게는 심각한 손해가 될 것이다."

살충제나 제초제 등을 사용해 직접적으로 어떤 생물종을 파괴하거나, 간접적으로는 기후변화 등으로 인간이 환경에 영향을 미치면 이런 균형은 금세 깨질 수 있다. 특정 생물종을 겨냥한 행위가 그 생물종이 속한 생태계 전체에까지 타격을 입힌다는 사실을 사람들은 쉽게 잊곤 한다. 그러므로 어떤 행동을 취하기 전에, 환경에 미칠 영향까지 고려해야 한다. 우리 주위의 환경은 이미 많은 타격을 입었으니 말이다. 그렇지 않으면 어떤 위협이 우리를 기다리고 있을지 모른다.

붉은 여왕이 꽃하고만 관련이 있는 건 아니다

'군비 경쟁'이 꽃과 꽃의 수분 매개체 사이에만 국한되는 것은 아니다. 성적 행동이나 속성 또는 한 개체와 **병원체** 사이의 상호작용 등 생명과 관련된 다른 영역에서도 이런 경쟁을 찾아볼 수 있다. 여기에서도 전쟁이 치열하다.

먼저, 조류의 음경에 관해 이야기해보자.(그렇다, 또 성과 관련된 이야기다.) 조류는 대부분 음경이 없고, 배설강을 하나 갖고 있다. 배설강은 똥과 오줌을 배출하고, 교미와 산란에 쓰이는 유일한 구멍을 말한다. 올인원이다. 수컷은 교미할 때 자신의 배설강을 암컷의 배설강에 붙인다. 조류학자들은 이 짧은 순간을(보통 몇 초밖에 걸리지 않는다.) 좀 더 낭만적으로 '배설강 키스'라 부른다. 하지만 예외도 있다. 타조나 오리과 동물(오리, 기러기, 고니 등)의 수컷에게는 음경이 있다.

오리의 경우, 수컷의 음경은 암컷의 배설강에 닿으면 1초도 안 돼서 펼쳐지고(이를 '폭발적 발기'라 부른다.) 거의 즉각적으로 사정이 이뤄진다. 대부분 물 위에서 이뤄지는 교미방식 때문에 이런 적응 현상이 일어났다고 추측하지만, 안타깝게도 암컷 오리에게는 강제 교미가 일어날 수도 있는 상황이다. 사실, 오리의 교미는 때때로 폭력적이다. 아마 독자 여러분도, 도시의 공원에서 볼 수 있는 청둥오리*Anas platyrhynchos*에게서 이런 장면을 목격한 적이 있을 것이다. 번식기의 청둥오리 사이에서 강간은 일상적인 일이다. 여러 마리의 수컷이 한 마리의 암컷과 동시에 교미를 하려는 경우도 있다. 이런 일이 물 위에서 벌어질 때면, 짝짓기가 암컷의 죽음이라는 비극으로 끝나기도 한다. 공격자들 때문에 익사하는 것이다. 그래도 암컷은 진화 덕분에 조금이나마 이런 강제 교미에 대항할 수 있게 됐다. 수컷의 음경이 길고 시계 반대 방향으로 말려 있을 때, 암컷의 질은 시계 방향으로 파이고 말려서, 음경이 들어갈 수 없게 막아 결국 수정을 하지 못하게 만든다.

어떤 동물에게는 맹낭이라는 주머니 모양의 기관이 있어서, 원하지 않는 수컷과 교미가 이뤄질 경우 정자들이 맹낭으로 사라지도록 해 정액을 제거한다. 하지만, 암컷이 교미에 응하는 경우, 근육 수축을 통해 질을 부드럽게 만들어 음경의 삽입을 돕는다. 이런 대립적인 공진화는 음경과 질의 크기가 점점 더 커지도록 만들었다. 그래서 오리의 경우, 음경의 길이가 길다고 해서 좋은 수컷인 것은 아니다. 오히려 그 반대다. 학자들은, 강제 교미의 빈도가 높을수록 음경의 길이도 길었다는 사실을 밝혀냈다.

청둥오리는 몸길이가 약 50~68cm인데 음경의 길이는 평균 13.2cm 정도다. 참고로, 키가 2.8m인 타조의 음경은 평균 20cm이다. 1등은 아르헨티나푸른부리오리*Oxyura vittata*다. 학자들은 음경의 길이가 42.5cm인 표본도 발견했는데, 이는 몸길이에 맞먹는 수준이다.(이 오리의 몸길이는 평균 40cm이다.) 또 다른 특징은, 음경의 끝부분이 세척용 솔과 비슷하다는 점이다. 아마도 자기보다 먼저 왔다간 다른 구혼자의 정액을 치우고, 깨끗하게 만든 다음 자신의 정액을 놓는 데 쓰이는 것

아르헨티나푸른부리오리는 할 말이 많겠지만, 그게 그렇게 좋은 건가?

일 수도 있다.

유성생식에는 대가가 따르는데도 불구하고, 유성생식이 생기고 유지되어온 이유는 무엇인지 성과 관련된 측면을 좀 더 광범위하게 살펴보자. 유성생식을 하는 암컷은 새끼에게 자신이 가진 **유전형질**의 절반(나머지 절반은 수컷에게서)을 물려주는 반면, 단위생식(자기 복제가 가능하다는 뜻)을 하는 암컷은, 같은 에너지를 쓰면서, 자신의 유전자 전부를 후손에게 전달한다. 복제를 하는 종은 클론을 만들어내는데 이 클론 역시 홀로 복제가 가능하다.

이와는 달리 생식 행위는 새로운 세대를 만들어내기 위해 두 개체가 필요하다. 하지만, 파트너를 찾기가 쉽지 않고 시간과 에너지가 든다. 게

다가 교미를 통해 트라우마가 생기거나, 기생충과 질병이 옮을 수도 있다.(교미 도중에 완전히 잡아먹히는 수컷에 대해서는 말할 것도 없다.)

그런데 살아 있는 종에게서 유성생식이 이토록 많은 이유는 대체 뭘까? 바로 여기에서 붉은 여왕의 가설이 가장 많이 등장한다. 유성생식이 병원체와 기생충에 맞서는 데 이점이 있다는 것을 이 가설로 설명할 수 있기 때문이다. 일반적으로 기생충은 숙주보다 훨씬 빠르게 번식하고, 숙주의 한 세대에 잘 적응하는 개체가 빠르게 선택된다. 그런데 유성생식을 하면 부모의 유전자가 섞이면서, 지금까지는 나오지 않았던 새로운 유전자 결합이 생기고 결국 기생충이 숙주의 다음 세대에 적응하는 것을 제한할 수 있다.

민물 달팽이인 뉴질랜드 머드스네일*Potamopyrgus antipodarum* 그리고 주머니나방과의 몇몇 나방은 유성생식과 무성생식 두 방법으로 번식할 수 있는데, 이들을 관찰한 결과, 기생충이 빈번히 나타났을 때 유성생식이 더 많이 이루어졌다. 그러나 두 방식으로 번식하는 생물종 모두에게 해당하는 것은 아니다. 유성생식이 유지되는 이유에 대한 수수께끼는 여전히 완벽하게 풀리지 않았고, 분명 서로 다른 여러 요인이 결합된 행위와 연관이 있을 것이다.

붉은 여왕의 비유는, 생물학에서 매우 자주 사용되는데, 이를 보충하기 위해 생명체의 다양성을 설명하는 하얀 여왕의 비유가 언급되기도 한다. 생물학뿐만 아니라 다른 분야에서도 붉은 여왕의 가설은 인기가 높다. 예를 들어, 어떤 기업은 붉은 여왕의 가설을 이용해서, 시장에서 경쟁력을 유지하기 위해 끊임없이 혁신해야 한다는 점을 강조한다. 리더가 되려면 붉은 여왕의 충고를 따라야 한다.

"다른 곳으로 가고 싶다면, 지금보다 적어도 두 배는 더 빨리 뛰어야 해!"

그럼, 이제 뭘 하지?

우리는 호기심 가득한 앨리스가 모험을 하면서 만난 여러 존재와 특별하고 다양한 관계를 맺는 것을 지켜봤다. 앨리스는 굴의 불행한 운명에 마음 아파했지만, 모든 것에 이름이 없는 숲에서 만난 귀여운 사슴, 이상한 나라의 거대한 강아지, 자신이 키우는 고양이들의 장난을 떠올리게 한 체셔 고양이처럼 실제 세상에서 볼 수 있는 동물과 닮은 동물에게서 더 큰 감동을 한 듯하다.

우리와 자연의 관계는 안타깝게도 앨리스와 닮아 있다. 우리를 둘러싼 생물 가운데 예쁘고 귀여운 생물에 대해서만 극도로 민감하게 반응한다. 또, 우리가 아름답다고 생각하는 생물을 보호하고자 하는 마음이 더 크다. 여러 연구에 따르면, 대중이 동물원에서 가장 선호하는 동물을 정하는 기준 역시 주로 미적인 측면으로 나타났다. 그래도 대중에게 큰 인기를 얻는 생물이 눈에 띌수록 이 동물이 사는 환경, 결국 그곳에 함께 사는 덜 유명한 다른 동식물의 환경 보호를 위한 기금이 모일 수 있다. 대왕판다*Ailuropoda melanoleuca*, 벵골호랑이*Panthera tigris*, 황금사자타마린*Leontopithecus rosalia* 같은 '깃대종'들은 각자의 수준에서 자신이 살아가는 환경의 보호에 기여한다.

사랑스러운 아기 고양이나, 어리광부리는 망아지를 보면 열광할 수

밖에 없지만, 그래도 아기 두더지, 어린 도롱뇽 또는 아기 거미들(이들 역시 자신만의 방식으로 사랑스럽고, 그들의 생태계에서는 매우 유용한 존재다.)을 잊으면 안 된다.

인간이 (의인화 때문에) 자신과 닮은 존재에게 끌리는 것은 인간의 편견 중 하나다. 물고기, 곤충, 양서류 등 우리 눈에 별로 매력적이지 않아 보이는 동물과 수많은 식물은 종종 무관심 속에 잊혀간다. 얼마나 많은 식용 혹은 약용식물이 보도 밑에서 자라고 있는지 아는가? 우리는 무관심하지만, 모든 일상의 생명 다양성은 그들만의 특수성과 엄청난 능력을 갖고 있고, 우리의 관심을 받을 가치가 있다.

인터넷의 발달 덕분에 그 어느 때보다도 긴밀히 연결된 이 세상에서, 우리는 안타깝게도 환경과는 점점 연결이 끊어지고 있다. 어떨 때는 우리와 자연의 유일한 연결고리가 식탁 위에 올라오는 것들(우유가 어디서 오는지, 토마토가 어떻게 자라는지 모르는 아이들이 점점 더 많아지고 있다.)뿐인 경우도 있다. 야외에서 시간을 보내고 자연을 만끽하는 것이 우리의 행복과 건강을 증진시킨다는 것은 이미 과학적으로 증명된 사실이다. 그렇게 하면 우리의 행동 역시 보다 친환경적으로 바뀔 수 있다. 현재의 환경 상황을 생각해본다면 친환경적 행동을 더는 미룰 수 없다. 자연과 함께해야 한다.

그런데 어떻게 해야 우리를 둘러싼 생명의 세계와 다시 연결될 수 있을까? 여러분의 아이들, 배우자, 애인, 부모님이 화면 앞에서 너무 많은 시간을 보내고 있어서, 좀 떼어 놓고 싶은가? 분명 방법이 있다. 아주 간단한 방법은, 밖으로 나가서 눈을 크게 뜨고 주위를 둘러보는 것이다. 자연 속에서 산책한다면 더할 나위 없겠지만, 도시 산책만으로도 볼거리가 넘친다. 당신을 위한 산책이다. 관점을 바꾸고 다른 생물에게 공감하는 것으로 우리 행동을 쉽게 바꿀 수 있다는 연구 결과도 있다.

앨리스의 첫 번째 모험 책에서도 이미 보지 않았던가. 앨리스는 후반부에서 '모조' 거북을 더 배려하고, 상대방의 기분을 살펴서 바닷가재나 물고기를 먹었던 이야기를 하지 않으려고 한다. 혹시 자연환경에 대해 더 배우고 싶은 마음이 든다면, 자연보호단체나 자연사박물관에서 주최하는 관련 모임이나 야외 활동에 참여해봐도 좋다.(여러분이 사는 곳 근처에도 분명히 있을 것이다.) 시민과학에 대해서 들어본 적이 있는가? 시민과학은, 전문가가 아닌 일반인들이 도마뱀, 박쥐, 반딧불이, 잡초, 수분 매개 곤충, 모이통의 새들 등 선택된 주제에 대해 배우면서 동시에 연구에 기여하는 활동이다. 모두의 취향에 맞는 다양한 활동이 있다. 관찰, 검토, 조사…, 과학자들은 여러분의 도움이 필요하다. 시민과학에 대해 더 많은 정보를 얻고 싶다면 프랑스 국립자연사박물관과 생물다양성청이 만든 시민과학 프로그램 'Vigie-Nature' 홈페이지(www.vigienature.fr)를 방문해 보기 바란다. 만약 식물에 푹 빠진 상태라면, 프랑스 식물학자 네트워크 'Tela Botanica' 홈페이지가 유용하다(www.tela-botanica.org 식물학을 배울 수 있는 온라인 수업도 들을 수 있다.)[32]

우리의 여행은 여기에서 마침표를 찍는다. 이 책이 여러분이 새로운 사실을 발견하는 데 도움이 됐기를, 우리가 사는 세상을 더 알고 싶은 마음이 생겼기를 바란다. 지구를 지키고 싶은 여러분의 마음을 확인하는 계기가 됐다면 더더욱 기쁠 것이다. 습관을 바꾸는 것이 힘들고 복잡하게 느껴질 수 있지만, 작은 제스처 하나라도 의미가 있다는 사실을 기억하기 바란다. 시작이 어려울 수도 있지만, 아주 간단한 행동(가까운 곳은 걸어가기, 불필요한 포장 줄이기, 지역 먹거리 구매하기….) 부터 시작하면 된다. 그리고 그 행동이 익숙해지면 두 번째 할 일을 찾아서 해보고, 그렇게 계속 이어가는 것이다.

아이디어를 얻을 수 있는 책이나 인터넷 사이트도 아주 많다. 세계자연기금(WWF)의 'We Act for Good(WAG)' 애플리케이션도 아주 유용하다. 코로나19로 인한 봉쇄기간에 경험했듯이, 아직 많이 늦지는 않았다. 우리가 환경에 미치는 영향을 지금이라도 줄인다면, 자연은 다시 회복될 수 있고 원래 자리를 되찾을 수 있다. 인간의 활동으로 파괴됐던 체르노빌이나 후쿠시마에 다시 식물과 동물이 살기 시작한 것만 봐도 알 수 있다.

우리가 있든 없든, 생명은 늘 길을 찾을 것이다.(영화 '쥬라기 공원'의 말콤 박사가 말했듯이 말이다.) 최근 기후변화로 인한 폭염이나, 기상이변 또는 동물이 사람에게 전염시키는 감염병 등에서 확인했듯이,

32 한국에서는 지역별로 과학관이나 대학교 등에서 시민과학 프로그램을 운영하기도 한다.

지구에서 올바르게 지속적으로 살아가길 원한다면, 지구를 잘 보살펴야 한다. 우리와 일상을 나누는 현재의 생물종은 너무나 근사하고, 놀랍고, 다채로워서 우리 곁에서 사라진다면 정말로 슬플 것이다.

그런데 사실 우리가 사는 이 세상도 이상한 나라가 아닐까?

용어 설명

광합성 빛 에너지, 이산화탄소, 수분을 이용해 유기물을 (주로 당질glucide 형태로) 합성하는 일련의 화학반응.

교잡 두 개체의 자연적이거나 인위적인 교미.

균사체 '팡이실'이라 불리는 가는 실 모양의 세포로 구성된 버섯의 식물성기관.

꿀주머니 식물학에서 꽃의 꿀주머니는 꽃꿀이 담긴, 바닥이 막힌 길고 좁은 튜브 모양의 부분.

난황 영양분 비축 주머니. 알 속에 있고, 물고기의 경우처럼, 부화가 이뤄질 때 아주 어린 새끼도 가지고 있음.

단각류 한 조각으로만 돼 있는 무척추동물의 껍데기. 달팽이나 경단고둥 껍데기 등.

단백질 유기체 내에서 다양한 기능을 담당하는 물질. 구조(사람의 손톱과 머리카락을 구성하는 케라틴 등), 효소(DNA를 복제하는 DNA 중합효소 등), 호르몬(스트레스에 작용하기 위해 몸에 신호를 보내는 아드레날린 등), 운동(근육 수축에 작용하는 미오신 등)에 연관된 역할을 수행할 수 있다. 아미노산 체인들로 구성됐고, 노출되는 환경(열) 등에 따라 (구조를 접고 펼치면서) 형태를 바꿀 수 있음.

대사 살아 있는 유기체 내에서 일어나는 일련의 생화학 반응으로, 유기체가 올바로 기능하게 해줌.

돌연변이 유전 정보의 변이. 자연적으로 혹은 인위적으로 발생할 수 있으며, 유전적 다양성이 생기게 해주고, 종의 진화에 기여하기도 함.

돌출악 얼굴에 비해 턱이 너무 앞으로 나온, 돌출된 턱을 가진 동물을 지칭하는 단어.

동개 달팽이 껍데기에 있는 마른 점액으로 이루어진 임시 덮개. 동개는 물을 보존해주면서 달팽이가 건조해지지 않도록 보호함.

동면 생체 기능이 둔화된 상태, 겨울 동안 에너지를 비축해둘 수 있다. 들쥐, 마르모트 또는 일부 박쥐 등 동면하는 동물들은 이 기간 동안 전혀 활동하지 않는다. 하지만 '겨울나기'를 하는 곰은 완전히 다르다. 곰은 간헐적으로 활동을 하며, 곰의 생리 활동 역시 크게 둔화되지 않음.

무미류 성체단계에 꼬리가 없는 양서류. 개구리와 두꺼비가 무미류에 해당함.

무한생장 생물의 일생 동안 지속되는 끊임없는 성장. 바닷가재와 그린란드 상어가 무한생장함.

문화 어떤 한 무리의 개체에게 고유한 지식과 전통. 같은 나이대의 개체 사이 또는 다른 세대 간에 전달될 수 있다. 오랫동안 인간 고유의 특성이라 여겨졌지만, 박새, 유인원, 돌고래 등 수많은 생물종에서 먹이 채취기술, 도구 제작 및 사용 등의 학습에 있어서 문화적인 방식으로 지식이 전수되는 모습이 관찰됐음.

미지선 새의 꼬리가 시작되는 부분에 위치해, 지방질과 일종의 밀랍으로 이뤄진 오일 혼합물질을 분비하는 선. 깃털을 관리하고, 광택을 내고, 방수 기능이 있음.

반변태 유충 단계와 성충 단계 때에 다른 생활환경에서 사는 동물. 유충은 물가에서 살고, 성충은 날 수 있어 공중에 사는 잠자리가 반변태임.

반복 개화 한 번의 성장시기 중에 여러 차례 개화할 수 있는 식물. 반복 개화 장미 나무들은 1년에 여러 번 꽃을 피움.

발효 차를 만드는 과정에서, 산소가 차단된 공간에서(혐기성) 미생물의 활동으로 찻잎에 함유된 분자들이 변하는 것을 말함.

변온동물 예전에는 '냉혈성'이라 불렸던, 바깥 온도에 따라 체온이 변하는 동물. 뱀과 파충류가 변온동물인데, 이 동물은 온도가 너무 낮아지면 활동할 수 없음.

병원체 다른 생물종에게 질병을 일으키거나 손상을 입힐 수 있는 유기체.

불완전변태 연속된 탈피 덕분에, 애벌레에서 성체 단계로 바로 넘어가는 동물. '미분화 탈피'라 부르는 마지막 탈피 덕분에 최종 단계에 이를 수 있다. 매미, 귀뚜라미, 여치, 메뚜기, 흰개미, 바퀴벌레가 불완전변태임.

산화 차를 만들 때, 산소가 있는 상태에서 찻잎이 갈변하고 향이 생겨나도록 이끄는 일련의 화학반응을 산화라고 한다. 찻잎이 손상됐을 때, 평소 상태와 다르게, 분자 접촉하면서 산화가 일어난다. 폴리페놀에 속하는 분자인 카테킨은 효소작용을 통해 테아플라빈과 테아루비긴으로 변한다. 다른 화합물도 변화해 다양한 향과 색을 만들어낸다. 예를 들어, 잎 색깔의 일부를 구성하는 녹색색소인 엽록소는 갈색색소인 페오피틴으로 분해된다. 열원에 짧게 노출되면, 변화를 유발하는 효소들이 파괴되어 산화가 멈춤.

삼투압 삼투현상[33]을 결정하는 압력. 농도가 다른 두 용액 사이에 있는 반투막 양쪽에 가해지는 압력의 차이. 유기체와 외부 환경 사이 또는 유기체의 세포들 사이에서 삼투압 조절이 이뤄진다. 살아 있는 유기체가 몸의 균형을 위해 삼투압을 조절할 때, '항상성'[34] 이라고 말함.

성적 이형성 같은 종의 수컷과 암컷 사이에서 나타나는 현저한 형태학적 차이. 수컷에게만 있고 암컷에게는 없는 사슴뿔이 아주 좋은 예다. 조류에게 흔히 나타나는 것처럼 몸 색깔에(청둥오리처럼) 차이가 있거나, 크기에 차이가 있음.(예를 들어, 심해 물고기인 아귀 수컷은 암컷과 외관상으로 아주 다르고, 암컷보다 훨씬 작음.)

성충 곤충의 최종적인 성체 형태. 나비는 애벌레의 성충.

소변태 유충 단계와 성충 단계 때에 같은 환경에서 사는 동물. 테티고니아 비리디시마 또는 바퀴벌레가 그 예임.

순화 사육을 목적으로 동물들을 인위적으로 선택하는 것. 품종 선택을 위한 이 과정은 동물들의 유전 형질을 바꿈.

스몰트 야생 연어의 성장단계 중 해양환경에 들어가려고 준비하는 단계. 연어의 몸집이 커지고, 외피는 은빛을 띰.

쌍각류 '패각'이라 불리는 연체동물의 껍데기가 두 조각으로 분절된 동물. 굴, 홍

33 반투막을 사이에 두고 양쪽 용액에 농도 차가 있을 경우, 농도가 높은 쪽으로 용매가 옮겨 가는 현상

34 여러 가지 환경 변화에 대응하여 생명 현상이 제대로 일어날 수 있도록 일정한 상태를 유지하는 성질. 또는 그런 현상

합, 대왕조개, 대합 등.

약충 일부 곤충들이 지나는 성장단계로, 이 단계 동안 곤충은 움직이지 않는다. 나비의 약충 단계는 'chrysalis(번데기)', 파리목(파리와 모기)은 'pupa(번데기)'라고 부름.

엽록체 광합성을 가능하게 해주는 세포 소기관.

완전변태 정지된 번데기 단계를 거치는 동물. 동물의 몸은 이 단계를 지나는 동안 완전히 개조된다. '완전한 변태'라고도 한다. 딱정벌레목 곤충 대부분과 나비, 파리 그리고 개미와 꿀벌 같은 사회적 곤충이 완전변태를 함.

웅성선숙 수컷으로 태어났다가 암컷이 되는 경우, 웅성선숙이라고 한다. 반대로, 암컷으로 태어났다가 수컷이 되는 경우는 자성선숙이라고 한다. 이 두 용어를 모두 아우르는 연속적 자웅동체성은 동물이 성별을 바꿀 수 있는 과정임.

위그노 1865년 낭트 칙령 폐지 뒤 외국에 유배된 프랑스인 개신교도에게 부여된 이름.

유미류 성체 단계에 꼬리가 있는 양서류. 도롱뇽, 올름, 영원이 유미류에 해당함.

유인원 여러 종의 인류 계통(호모 사피엔스를 비롯해 호모 에렉투스, 호모 하빌리스 같은 화석종과 일부 오스트랄로피테쿠스 종) 및 오랑우탄, 고릴라, 침팬지, 보노보 등 인간과 가장 가까운 현대 유인원 종을 포함하는 두 발 가진 영장류 과를 말함.

유전자 핵산(DNA, 일부 바이러스의 경우 RNA)의 특정 서열로 구성된 유전 정보의 기본 단위.

유전형질 한 개체 또는 한 생물종이 가진 다양한 종류의 유전자 전체를 말함.

의인화 인간의 신체적, 행동적 특성을 생명이 없는 물체나 인간 외의 동물에 부여하는 것. 위협의 뜻을 지닌 개의 미소와 우호적인 뜻을 가진 인간의 미소에 동일한 의미를 부여하는 경우, 안타까운 해석 오류를 초래할 수 있음.

의태 다른 동물의 외관, 움직임 또는 생물이 살아가는 환경을 모방하는 전략. 몇몇 사마귀와 거미는 꽃의 모습을 모방하여 먹잇감을 유인함. 대벌레는 천적들의 눈을 피하기 위해 잔가지나 나뭇잎인 척하기도 함. 독이 없는 우유뱀처럼 위험하지 않은 생물이 독사인 산호뱀을 모방하는 경우도 있음. 이를 '**베이츠 의태**'라고 함.

자실체 일부 버섯들의 생식기관. '포자를 운반하는'을 뜻함. 양호한 조건에서는 포자 하나가 원시 균사체를 태어나게 하고, 원시 균사체 두 개가 결합하면 새로운 개체가 생김.

자연발생설 생물은 무생물에서 저절로 생겨날 수도 있다고 주장하는 학설.

자포동물 말미잘, 해파리, 산호를 포함하는 수생동물군.

정온동물 바깥 온도에 관계없이 체온을 조절할 수 있는 동물. 포유류와 조류가 정온동물.

정직한 신호 정직한 신호란 다양한 상황에서 발신자의 특징을 수신자에게 알려주는 왜곡할 수 없는 정보를 말한다. 번식 상황에서는 암컷들이 이런 종류의 단서를 이용해 상대 수컷들을 평가하고 선택한다. 사슴의 울음소리는 번식에 이용되는 정직한 신호의 아주 좋은 사례다. 이 울음소리를 통해 암컷들뿐만 아니라 주변에 있는 다른 수컷들 역시, 소리를 내는 수컷의 무게, 크기, 몸의 형태 등의 정보를 정확하게 알게 된다. 그래서 이 울음소리를 듣는 모든 수컷과 암컷들은 그에 상응하는 행동을 할 수 있다. 그 수컷을 만나러 가거나 피하거나.

정포 번식의 순간에 수컷이 암컷에게 맡기는 정자가 들어 있는 캡슐. 어떤 수컷은 암컷에게 먹이 선물과 함께 정포를 주기도 한다. 여러 곤충, 거미, 갑각류와 양서류 동물들이 번식 때 정포를 이용함.

종, 생물종 가장 단순한 정의에 따르면, 자연적 조건에서 구성원들끼리 번식할 수 있고, 번식력 있는 후손들이 존속 가능한 집단 전체를 말한다. 실제로는 좀 더 복잡한데, 번식력 있는 후손을 가진 종들 사이에서 이종 교배가 이뤄지는 사례들이 존재한다. 예를 들어, (산딸기속) 산딸기는 서로 다른 종끼리 교배가 가능하고, 번식력 있는 후손도 얻을 수 있다. 관련 연구도 매우 폭넓게 이루어져 산딸기 관련 학문을 지칭하는 이름인 '바톨로지(batology)'도 존재하고, 이 분야 전문가를 '바톨로지스트(batologist)'라 부른다. 계통발생학의 분류에서, 종은 공통적인 특징을 갖고 있는 가장 작은 집단.

종패 유생상태의 굴과 홍합 등 어린 연체동물을 이르는 말.

중추신경계 뇌(우리가 흔히 '두뇌'라고 부르는)와 척수로 이루어진 부분.

착생 다른 식물에 붙어서 생장하는 유기체.(식물, 버섯 또는 해조류)

치어 알에서 나온 어린 물고기의 첫 번째 성장단계.

켈트 야생 연어의 성장단계 중 고향인 강으로 회귀한 연어가 교미하는 단계. 수컷은 몸의 색을 바꾸고 주둥이가 구부러진다. 그래서 프랑스어로는 주둥이를 뜻하는 '베크(bec)'에서 이름이 유래해 베카르(bécard)라 함.

파 야생 연어의 성장단계 중 치어 형태 다음에 이어지는 단계. 강에서 살고 연어의 몸에 점이 생김.

파장 파동에서 두 마루 사이의 거리. 빛 파동의 경우, 약 380에서 780nm 사이의 파장이 사람의 눈에서 색으로 해석되는데, 이 파장대가 가시광선이다. 곤충, 조류, 어류 등 일부 동물의 눈은 근자외선 파장(약 380~200nm)을 느낄 수 있어, 사람이 보지 못하는 색깔까지 인식한다. 전자기파를 파장에 따라 배열해 놓은 것을 '전자기 스펙트럼'이라 부름.

평형석 작은 돌과 비슷한 단단한 물질로, 동물의 움직임에 따라 평형포 안에서 이동하면서, 특정 공간에서 동물의 위치를 알려줌.

평형포 굴, 바닷가재, 몇몇 자포동물 등 일부 무척추동물에서 균형, 방향, 지각을 담당하는 감각기관. 주머니 모양으로, 안에 있는 평형석의 움직임과 이동 여부를 탐지하는 감각모로 덮여 있음.

포접 무미류와 유미류가 교미할 때 취하는 번식을 위한 행동. 수컷이 앞발로 암컷을 단단히 붙잡으면, 곧바로 수정할 수 있음.

폴립 말미잘, 해파리, 산호 등을 포함하는 자포동물문에 속하는 일부 동물이 거치는 성장단계. 촉수가 생긴 폴립 단계는 작은 말미잘과 비슷하다. 자유롭게 부유할 수 있는 일명 '메두사' 단계와 달리, 폴립 단계에서는 몸을 움직이지 않고, 지지대에 고정된 상태.

표피 식물학에서, 어린 식물체의 표면을 덮고 있는 얇은 조직. 공중에 드러나는 표면을 보호하는 층.

품종 교배 서로 다른 여러 품종, 아종, 종 혹은 속 등 유전적으로 상이한 모체들 사이에서 이뤄지는 교배. 잡종은 두 모체의 특성이 혼합된 종.

품종(동물) 후손에게 유전되는 일부 특성을 얻기 위해 인간이 선별한 생물종의 개체군.

품종(식물) 식물 품종의 정의 가운데 하나는, '동일한 종의 다른 개체들과 구분되는 명확한(형태적, 생리학적, 유전적) 특징을 가진 개체들'이다. 이 특징들은 대부분 인간의 선택에 의해 만들어졌음.(동물의 품종race에 상응하는 용어.)

휴면 생물학적 활동이 급격히 느려지고 성장과 발전이 멈추는 일시적인 상태. 주위 환경 조건이 적합해지면 휴면이 중단됨.

참고문헌

들어가기 전에

Clerc C., Despinette J. *et al.*, *Visages d'Alice*, catalogue de l'exposition sur les Visages d'Alice, Paris, Gallimard Jeunesse, 1983.

Lindseth J. A. et Tannenbaum A. (dir.), *Alice in a World of Wonderlands : The Translations of Lewis Carroll's Masterpiece*, New Castle, Oak Knoll Press, 2015.

Lovett Stoffel S., *Lewis Carroll au pays des merveilles*, Paris, Découvertes Gallimard, 1997.

Part. 1

1장

«Pourquoi les caméléons changent de couleurs ?», 블로그 자료 Ad Naturam : www.adnaturam.org/2018/07/17/la-minute-nature-7/

«TP Relations : «Du milieu aquatique au milieu terrestre», 블로그 자료 Strange Stuff And Funky Things : www.ssaft.com/Blog/dotclear/index.php?post/2011/11/30/Un-TP,-un-article:-Rentabilisation-du-Strange-and-Funky

«Une histoire à en rester mué», 블로그 자료 Les poissons n'existent pas : www.fish-dont-exist.blogspot.com/2012/10/une-histoire-en-rester-mue.html

Brainerd E. L., «Pufferfish inflation : functional morphology of postcranial structures in *Diodon holocanthus* (Tetraodontiformes)», *Journal of Morphology*, vol. 220, n° 3, 1994, p. 243-261.

Brown C., Garwood M. P. et Williamson J. E., «It pays to cheat : tactical deception in a cephalopod social signalling system», *Biology Letters*, vol. 8, 2012, p. 729-732.

Bruning B., Phillips B. L. et Shine R., «Turgid female toads give males the slip : a new mechanism of female mate choice in the Anura», *Biology Letters*, vol. 6, n° 3, 2010, p. 322-324.

Dussutour A., *Tout ce que vous avez toujours voulu savoir sur le blob sans jamais oser le demander*, Paris, éditions J'ai lu, 2019.

Hanlon R. T., Watson A. C. et Barbosa A., «A "mimic octopus" in the Atlantic : flatfish mimicry and camouflage by *Macrotritopus defilippi*», *The Biological Bulletin*, vol. 218, n° 1, 2010, p. 15-24.

Reynolds S., «Cooking up the perfect insect : Aristotle's transformational idea about the complete metamorphosis of insects», *Phil. Trans. R. Soc.* B, vol. 374, n° 1783, 2019.

Rolff J., Johnston P. R. et Reynolds S., «Complete metamorphosis of insects», Phil. Trans. R. Soc. B, vol. 374, n° 1783, 2019.

Wilbur H. M., «Complex life cycles», *Annual review of Ecology and Systematics*, vol. 11, n° 1, 1980, p. 67-93.

Williams K. S. et Simon C., «The ecology, behavior, and evolution of periodical cicadas», *Annual Review of Entomology*, vol. 40, 1, 1995, p. 269-295. 주기 매미에 대한 영문 과학 대중화 사이트: www.cicadas.uconn.edu

앙드레 르케의 사이트(www.insectes-net.fr)는 곤충과 곤충의 생애에 관한 정보의 보고다. 나비목 페이지에 가보면 멧노랑나비, 제비꼬리나비, 붉은제독나비, 공작나비, 스페인달나방, 큰공작나방 등 상징적인 여러 나비종의 발달 과정을 살펴볼 수 있다.

포포짱이 몸을 변형시키는 모습의 영상은 다음 링크에서 볼 수 있다. : www.youtube.com/watch?v=d7BJTvKkURs

2장

Ammer C., *The dictionary of clichés*, New York, Skyhorse, 2013.

Caeiro C. C., Burrows A. M. et Waller B. M., «Development and application of CatFACS : Are human cat adopters influenced by cat facial expressions ?», *Applied Animal Behaviour Science*, vol. 189, 2017, p. 66-78. 만화가 마리옹 몽테뉴는 자신의 블로그 '넌 덜 멍청하게 죽을 거야(Tu mourras moins bête)'에 관련된 경험을 적어두었다. 이 내용으로 만든 애니메이션은 다음 링크에서 볼 수 있다: www.youtube.com/watch?v=EFNJ9LoIVvc

Caeiro C. C., Waller B. et Burrows A., *The Cat Facial Action Coding System manual (CatFACS)*, 2013. 다음 사이트에서 신청하면 무료 전자메시지로 매뉴얼(영어만 가능)을 받을 수 있다. www.animalfacs.com/catfacs_new

Davila-Ross M., Allcock, B. *et al.*, «Aping expressions ? Chimpanzees produce distinct laugh types when responding to laughter of others», *Emotion*, vol. 11, n° 5, 2011, p. 1013. doi : 10.1037/a0022594

Davila-Ross M., Owren M. J. *et al.*, «The evolution of laughter in great apes and humans», *Comm.*

Integrat. Biol., vol. 3, 2010, p. 191-194. doi : 10.4161/cib.3.2.10944
Gardner M., *The Annotated Alice, the definitive edition*, New York, W.W. Norton & Company, 2000.
Krys K., Vauclair C. M. *et al.*, «Be careful where you smile : Culture shapes judgments of intelligence and honesty of smiling individuals», *Journal of Nonverbal Behavior*, vol. 40, n° 2, 2016, p. 101-116.
McComb K., Taylor A. M. *et al.*, «The cry embedded within the purr», *Current Biology*, vol. 19, n° 13, 2009, R507-R508.
Niedenthal P. M., Mermillod M. *et al.*, «The Simulation of Smiles (SIMS) model : Embodied simulation and the meaning of facial expression», *Behavioral and Brain Sciences*, vol. 33, n° 6, 2010, p. 417.
Panksepp J. et Burgdorf J., «Laughing rats ? Playful tickling arouses high frequency ultrasonic chirping in young rodents», *Toward a science of consciousness*, vol. 3, 1999, p. 231-244.
Schötz S. et Eklund R., «A comparative acoustic analysis of purring in four cats», *Fonetik* 2011, Royal Institute of Technology, Stockholm, Suède, 2011, p. 5-8.
Van Hooff J. A. R. A. M., «A comparative approach to the phylogeny of laughter and smiling» in Mebrahian A., *Non-verbal communication*, Piscataway, Transaction publishers, 1972, p. 209-241.
Von Muggenthaler E., «The felid purr : A healing mechanism ?», *The Journal of the Acoustical Society of America*, vol. 110, n° 5, 2001, p. 2666.
Waller B. M. et Dunbar R. I., «Differential behavioural effects of silent bared teeth display and relaxed open mouth display in chimpanzees (*Pan troglodytes*)», *Ethology*, vol. 111, n° 2, 2005, p. 129-142.
앨리스에 대한 최초의 영화는 다음 링크에서 볼 수 있다. (Cecil Hepworth, 1903) : www.youtube.com/watch?v=zeIXfdogJbA
인간이 아닌 동물에 적용시킨 Facs 시스템을 개발한 과학자들이 만든 영문 사이트: https://animalfacs.com/chimpfacs_new

3장

«Barbiroussa», 멧돼짓과의 여러 동물들을 소개한 훌륭한 내용의 영문 사이트 : www.sites.google.com/site/wildpigspecialistgroup/home/Babyrousa-babirussa
«Le Jackalope», 블로그 자료 Strange stuff and Funky Things : www.ssaft.com/Blog/dotclear/?-post/2013/07/12/Freaky-Friday-Parasite-Le-Jackalope

Buffetaut E., *Fossiles et croyances populaires. Une paléontologie de l'imaginaire*, Paris, Le Cavalier Bleu/ Espèces, 2017.

Delacour J., «Under-wing fishing of the Black Heron, *Melanophoyx ardesiaca*», *The Auk*, vol. 63, n° 3, 1946, p. 441-442.

Faidutti B., *Images et connaissance de la licorne (fin du Moyen Âge - xixe siècle)*, thèse de doctorat, université de Lorraine, 1997.

Gardner M., *The Annotated Alice. The definitive edition*, New York, W. W. Norton & Company, 2000.

Hunter L. et Barrett P., *Guide des carnivores du monde*, Paris, Delachaux et Niestlé, 2012.

Lovett Stoffel S., *Lewis Carroll au pays des merveilles*, Paris, Découvertes Gallimard, 1997.

Noacco C., «*Physiologos. Le bestiaire des bestiaires*. Texte traduit du grec, introduit et commenté par Arnaud Zucker», *Anabases. Traditions et réceptions de l'Antiquité*, 2006, p. 279-281.

Nweeia M. T., Eichmiller F. C. *et al.*, «Sensory ability in the narwhal tooth organ system», *The Anatomical Record*, vol. 297, 2014, p. 599-617. doi : 10.1002/ar.22886

Panafieu J.-B. et Renversade C., *Créatures fantastiques Deyrolle*, Toulouse, Plume de carotte, 2014.

Pastoureau M., *Bestiaires du Moyen Âge*, Paris, Seuil, 2019.

Pline l'Ancien, *Histoire naturelle* (traduction française), livre VIII, n.d. 다음 사이트 참조 www.remacle.org/bloodwolf/erudits/plineancien/livre8.htm

Theuerkauf J., Rouys S. *et al.*, «Some like it odd : Long-term research reveals unusual behaviour in the flightless Kagu of New Caledonia», *Austral Ecology*, vol. 46, n° 1, 2021 p. 151-154.

Develey A. et Gasquet L., «*La Chasse au Snark* : le testament littéraire du génie de Lewis Carroll», *Le Figaro*, 13 septembre 2020 : www.lefigaro.fr/langue-francaise/expressions-francaises/la-chasse-au-snark-le-testament-litteraire-du-genie-de-lewis-carroll-20200913

4장

«Behaviour of the Australian "fire-beetle" *Merimna atrata* (Coleop-tera : Buprestidae) on burnt areas after bushfires», Western Australian Museum, n.d. 다음 사이트 참조 www.museum.wa.gov.au/research/records-supplements/records/behaviour-australian-fire-beetle-merimna-atrata-coleoptera-bupr

«BIOPAT – Sponsorships for Biodiversity», n.d. 다음 사이트 참조 www.biopat.de/en/start.html

«Les insectes chanteurs», 다음 사이트 자료 Espace pour la vie : www.espacepourlavie.ca/les-insectes-chanteurs

«Name a New Species», 다음 사이트 자료 Scripps Institution of Oceanography : www.scripps.

ucsd.edu/giving/name-new-species
«The attraction of insects to forest fires», 다음 사이트 자료 FRAMES : www.frames.gov/catalog/36429
«Why are moths attracted to flame ?», 다음 사이트 자료 EarthSky : www.earthsky.org/earth/why-are-moths-attracted-to-flame/
Bouget C., *Secrets d'insectes : 1001 curiosités du peuple à 6 pattes*, Versailles, éditions Quae, 2016.
Carroll L., Tenniel J. et Gardner M., *The Annotated Alice – The Definitive Edition*, New York, W. W. Norton & Company, 2000.
Dagaeff A.-C., *Selection, sex and sun : social transmission of a sexual preference in* Drosophila melanogaster, thèse de doctorat, université Paul-Sabatier – Toulouse III, 2015.
Giraud M., Albouy V. *et al.*, *Les insectes en bord de chemin*, Paris, Delachaux et Niestlé, 2019.
Hinz M., Klein A. *et al.*, «The impact of infrared radiation in flight control in the Australian "firebeetle" *Merimna atrata*», PLOS ONE, vol. 13, 2018. doi : 0192865
Klocke D., Schmitz A. et Schmitz H., «Native flies attracted to bushfires», université de Bonn, lettre d'information 15, 2009.
Nord C., «Proper Names in Translations for Children : *Alice in Wonderland* as a Case in Point», *META*, vol. 48, 2003, p. 182-196. doi : 10.7202/006966ar

5장

Argot C. et Vivès L., *Un jour avec les dinosaures*, Paris, Flammarion/MNHN, 2018.
Bowers G. M., *Bulletin of the United States Fish Commission*, Washington DC, Government Printing Office, vol. XVIII, 1898.
Ching M. B., «The Flow of Turtle Soup from the Caribbean via Europe to Canton, and Its Modern American Fate», *Gastronomica*, vol. 16, n° 1, 2016, p. 79-89.
Christman L., *Four Papers Exploring Victorian Scientific Culture : Mock Turtle Soup, Cosmetics, Bicycles, and Psychical Study*, University of Washington Libraries, 2017
Kittinger J. N., Van Houtan K. S. *et al.*, «Using historical data to assess the biogeography of population recovery», *Ecography*, vol. 36, 2013, p. 868-872.
Roman J. et Bowen B. W., «The mock turtle syndrome : genetic identification of turtle meat purchased in the south-eastern United States of America», *Animal Conservation forum*, Cambridge University Press, vol. 3, n° 1, p. 61-65, 2000.

바닷가재의 카드리유 춤

«Fiche descriptive sur le saumon atlantique», 다음 사이트 파일 l'Observatoire des poissons migrateurs : www.observatoire-poissons-migrateurs-bretagne.fr/images/pdf/Saumon/fiche-descriptive-saumon-atlantique_s-collin.pdf

«Grey Seal», 다음 사이트 자료 de la Wildlife Trust : www.wildlifetrusts.org/wildlife-explorer/marine/marine-mammals-and-sea-turtles/grey-seal

«Pourquoi le homard change-t-il de couleur à la cuisson», 블로그 자료 Takana : www.takana.over-blog.com/article-141127.html

«Trumpetfish», 라마 대학교 자료, Texas : www.lamar.edu/arts-sciences/biology/study-abroad-belize/marine-critters/marine-critters-2/trumpetfish.html

Cain S. D., Boles L. C. *et al.*, «Magnetic orientation and navigation in marine turtles, lobsters, and molluscs : concepts and conundrums», *Integrative and Comparative Biology*, vol. 45, n° 3, 2005, p. 539-546.

Dragićević O. et Baltić M. Ž., «Snail meat : significance and consumption», *Veterinarski glasnik*, vol 59, nos 3-4, 2005, p. 463-474.

Du Buit M. H. et Merlina F., «Alimentation du merlan *Merlangius merlangus* L. en mer Celtique», *Revue des Travaux de l'Institut des Pêches maritimes*, vol. 49, nos 1-2, 1985, p. 5-12.

Fernandez-Lopez de Pablo J., Badal E. *et al.*, «Land snails as a diet diversification proxy during the Early Upper Palaeolithic in Europe», *PLOS ONE*, vol. 9, n° 8, 2014. e104898

Gardner M., *The Annotated Alice, the definitive edition*, New York, W.W. Norton & Company, 2000.

Giraud M, Dourlot S. *et al.*, *La nature en bord de mer*, Paris, Delachaux et Niestlé, 2020.

Govind C. K. et Pearce, J., «Mechanoreceptors and minimal reflex activity determining claw laterality in developing lobsters», *Journal of Experimental Biology*, vol. 171, n° 1, 1992, p. 149-162.

Grison B. et Rafaelian A., *Les Portes de la perception animale*, Paris, Delachaux et Niestlé, 2021.

Houise C., «Étude de la population du merlan (*Merlangius merlangus* L.) du golfe de Gascogne», *Ifremer*, 1993.

Le Hir P., «Des escargots au menu des Européens il y a 30 000 ans», *Le Monde*, 21 août 2014. 다음 사이트 참조 : www.lemonde.fr/archeologie/article/2014/08/25/des-escargots-au-menu-des-europeens-il-y-a-30-000-ans_4476441_1650751.html

Ma H. et Yang Y., «*Turritopsis nutricula*», *Nature and Science*, vol. 8, n° 2, 2010, p. 15-20.

Masonjones H. et Lewis S., «Courtship Behavior in the Dwarf Seahorse, *Hippocampus zosterae*», *Copeia*, n° 3, 1996, p. 634-640. doi : 10.2307/1447527

Nesbitt S. J., Barrett P. M. *et al.*, «The oldest dinosaur ? A Middle Triassic dinosauriform from Tanzania», *Biology Letters*, vol. 9, n° 1, 2013. doi : 20120949
Palomino E., Káradóttir K. et Phiri E., *Indigenous Fish Skin Craft Revived Through Contemporary Fashion*, Conférence IFFTI 2020, 2020.
Richardson A. J., Bakun A. *et al.*, «The jellyfish joyride : causes, consequences and management responses to a more gelatinous future», *Trends in Ecology & Evolution*, vol. 24, n° 6, 2009, p. 312-322.
Sappenfield A., Tarhan L. et Droser M., «Earth's oldest jellyfish strandings : A unique taphonomic window or just another day at the beach ?», *Geological Magazine*, vol. 154, n° 4, 2017, p. 859-874. doi:10.1017/S0016756816000443
Sheehy M. R. J., Bannister R. C. A. *et al.*, «New perspectives on the growth and longevity of the European lobster (*Homarus gammarus*)», *Canadian Journal of Fisheries and Aquatic Sciences*, vol. 56, n° 10, 1999, p. 1904-1915. doi:10.1139/f99-116
Stabell O. B., «Homing and olfaction in salmonids : a critical review with special reference to the Atlantic salmon», *Biological Reviews*, vol. 59, n° 3, 1984, p. 333-388.
Van Wijk A. A., Spaans A. *et al.*, «Spectroscopy and quantum chemical modeling reveal a predominant contribution of excitonic interactions to the bathochromic shift in α-Crustacyanin, the blue carotenoprotein in the carapace of the lobster *Homarus gammarus*», *Journal of the American Chemical Society*, vol. 127, n° 5, 2005, p. 1438-1445.
Project Seahorse 사이트 : www.projectseahorse.org/saving-seahorses/about-seahorses/
만다린피시의 구애행동에 관한 영상은 Smithsonian 유튜브 채널에서 볼 수 있다: https://www.youtube.com/watch?v=DN0-hIEcCHg

놀라운 거인, 바다코끼리

Fay F. H., «Ecology and biology of the Pacific walrus, *Odobenus rosmarus divergens* Illiger», *North American Fauna*, 1982, p. 1-279.
Born E. W., «Reproduction in female Atlantic walruses (*Odobenus rosmarus rosmarus*) from northwestern Greenland», *Journal of Zoology*, vol. 255, 2001, p. 165-174.
Born, E. W., «Reproduction in male Atlantic walruses (*Odobenus rosmarus rosmarus*) from the North Water (N Baffin Bay)», *Marine Mammal Science*, vol. 19, 2003, p. 819-831.
Oliver J. S., Slattery P. N. *et al.*, «Walrus, *Odobenus rosmarus* Feeding in the Bering Sea : A Benthic Perspective», *Fishery Bulletin*, vol. 81, 1983, p. 501-512.

«Quand l'os pénien rencontre l'os clitoridien : baculum baubellumque», 블로그 자료 Scilogs : www.scilogs.fr/histoires-de-mammiferes/quand-los-penien-rencontre-los-clitoridien-baculum-baubellumque/

Lough-Stevens M., Schultz N. G. et Dean M. D., «The baubellum is more developmentally and evolutionarily labile than the baculum», *Ecology and Evolution*, vol. 8, n° 2, 2018, p. 1073-1083.

Gotfredsen A. B., Appelt M. et Hastrup K., «Walrus history around the North Water : Human-animal relations in a long-term perspective», *Ambio*, vol. 47, 2018, p. 193-212. doi : 10.1007/s13280-018-1027-x

MacCracken J. G., «Pacific Walrus and climate change : observations and predictions», *Ecology and Evolution*, vol. 2, n° 8, 2012, p. 2072-2090.

톡 쏘는 굴들

«Huître plate», 다음 사이트 파일 IFREMER : www.archimer.ifremer.fr/doc/2006/acte-3321.pdf

«La naissance de l'ostréiculture en France», 블로그 자료 Ostrea : www.ostrea.org/la-naissance-de-lostreiculture-en-france/

«La plus grosse huître du monde découverte au Danemark», Franceinfo, 19 février 2014. 다음 사이트 참조 www.francetvinfo.fr/animaux/une-huitre-de-plus-de-35-cm-sacree-plus-grosse-du-monde-au-danemark_533907.html

Brosnan S. et De Waal F., «Monkeys reject unequal pay», *Nature*, vol. 425, 2003, p. 297-299. doi : 10.1038/nature01963

Charifi M., Sow M. *et al.*, «The sense of hearing in the Pacific oyster, *Magallana gigas*», *PLOS ONE*, vol. 12, n° 10, 2017. doi : e0185353.

De Waal F., *Le bon singe : les bases naturelles de la morale*, Paris, Bayard Culture, 1997.

Debove S., *Pourquoi notre cerveau a inventé le bien et le mal*, Paris, humenSciences, 2021.

Horowitz A., «Disambiguating the "guilty look": Salient prompts to a familiar dog behaviour», *Behavioural processes*, vol. 81, n° 3, 2009, p. 447-452.

콩카르노해양연구소 설립 이야기 : https://www.stationmarinedeconcarneau.fr/fr/station/histoire-station-2301

Lescroart M., *Les huîtres, 60 clés pour comprendre*, Paris, éditions Quae, 2017.

Richardson C. A., Collis S. A. *et al.*, «The age determination and growth rate of the European flat oyster, *Ostrea edulis*, in British waters determined from acetate peels of umbo growth lines»,

ICES Journal of Marine Science, vol. 50, n° 4, 1993, p. 493-500.
Rouat S., «Réintroduction d'huîtres disparues depuis plus de 100 ans en Écosse», *Sciences et Avenir*, 24 septembre 2018. 다음 사이트 참조 www.sciencesetavenir.fr/nature-environnement/mers-et-oceans/des-huîtres-pour-restaurer-les-eaux-ecossaises_127755#xtor=EPR-1-
Zapata-Restrepo L. M., Hauton C. *et al.*, «Effects of the interaction between temperature and steroid hormones on gametogenesis and sex ratio in the European flat oyster (*Ostrea edulis*)», *Comparative Biochemistry and Physiology Part A: Molecular & Integrative Physiology*, vol. 236, 2019, 110523.
검은머리카푸친에 대한 불공정성 실험 및 동물들의 도덕성에 대한 프란스 더발의 발표 내용: www.ted.com/talks/frans_de_waal_moral_behavior_in_animals/transcript

눈물바다와 도도

«100 ans après : Un squelette d'un Dodo mauricien, retrouvé dans le musée de Durban», *Le Mauricien*, 16 janvier 2012. 다음 사이트 참조 www.lemauricien.com/actualites/magazine/100-ans-apr%c3%a8sun-squelette-dun-dodo-mauricien-retrouv%c3%a9-mus%c3%a9e-durban/130651/
«Dead dodo origin», 블로그 자료 Word histories : www.wordhistories.net/2018/07/02/dead-dodo-origin/
«Dodo d'Oxford», 다음 사이트 자료 OUMNH : www.oumnh.ox.ac.uk/the-oxford-dodo
«Dodu Dodo, l'oiseau si rigolo», 다음 사이트 자료 RTS : https://www.rts.ch/archives/dossiers/3477566-dodu-dodo-loiseau-si-rigolo.html
Angst D., «La vie intime du dodo révélée par ses os», Espèces, revue d'histoire naturelle, n° 27, 2018.
Angst D., Chinsamy A., Steel L. et Hume J. P., «Bone histology sheds new light on the ecology of the dodo (*Raphus cucullatus*, Aves, Columbiformes)», *Sci. rep.*, vol. 7, n° 1, 2017, p. 1-10.
Ashmolean museum, www.ashmolean.org/history-ashmolean
Botti C. et S., «L'os du dodo dans les musées», *Sous la varangue*, 20 juin 2017. 다음 사이트 참조 www.souslavarangue.canalblog.com/archives/2014/04/28/29753603.html
Gardner M., *The Annotated Alice, the definitive edition*, New York, W. W. Norton & Company, 2000.
Lederer R. et Burr C., *Latin for Bird Lovers*, Portland, Timber Press, 2014.
Livezey B. C., «An ecomorphological review of the dodo (*Raphus cucullatus*) and solitaire

(*Pezophaps solitaria*), flightless Columbiformes of the Mascarene Islands», *Journal of Zoology*, vol. 230, n° 2, 1993, p. 247-292.
Nowak-Kemp M. et Hume J. P., «The Oxford Dodo. Part 1. The museum history of the Tradescant Dodo : ownership, displays and audience», *Historical Biology*, vol. 29, n° 2, 2017, p. 234-247.
Nowak-Kemp M. et Hume J. P., «The Oxford Dodo. Part 2. From curiosity to icon and its role in displays, education and research», *Historical Biology*, vol. 29, n° 3, 2017, p. 234-247.
Sellars R. M., «Wing-spreading behaviour of the cormorant. *Phalacrocorax carbo*», *ARDEA*, vol. 83, n° 1, 1995.
Semal L. et Fourié Y., *Bestiaire disparu. Histoire de la dernière grande extinction*, Paris, Plume de carotte, 2013.

6장

«Chat domestique en France et faune sauvage», 다음 사이트 자료 la SFEPM : www.sfepm.org/les-actualites-de-la-sfepm/chat-domestique-en-france-et-faune-sauvage.html
Barragan-Jason G. *et al.*, «Human-nature connectedness as a pathway to sustainability : a global meta-analysis», 2021.
Berenguer J., «The Effect of Empathy in Proenvironmental Attitudes and Behaviors», *Environment and Behavior*, vol. 39, n° 2, 2007, p. 269-283. doi :10.1177/0013916506292937
Chansigaud V., *Histoire de la domestication animale*, Paris, Delachaux et Niestlé, 2020.
Goodall J., *Ma vie avec les chimpanzés*, Paris, L'École des loisirs, 2012.
Landová E., Poláková P. *et al.*, «Beauty ranking of mammalian species kept in the Prague Zoo : does beauty of animals increase the respondents' willingness to protect them ?», *The Science of Nature*, vol. 105, n° 11, 2018, p. 1-14.
Lestel D., *Les Origines animales de la culture*, Paris, Flammarion, 2003.
Morton E., «How England's First Feline Show Countered Victorian Snobbery About Cats», *Atlas Obscura*, 13 mai 2016. 다음 사이트 참조 www.atlasobscura.com/articles/how-englands-first-cat-show-countered-victorian-snobbery-about-cats
Mousseau T. et Moller A., «Chernobyl and Fukushima : Differences and Similarities : A Biological Perspective», *Transactions of the American Nuclear Society*, vol. 107, 2015, p. 200-203.
Pastoureau M., *Bestiaires du Moyen Âge*, Paris, Seuil, 2011.
Telebotanica : www.tela-botanica.org/thematiques/sciences-participatives/
Vigie-nature : www.vigienature.fr/

Zielinski S., «Il faut sauver les animaux moches», Slate, 2 décembre 2013. 다음 사이트 참조 www.slate.fr/story/80491/animaux-moches

Part. 2

1장

«Effet du mercure sur la santé», 캐나다 정부 자료, 2019 : www.cchst.ca/oshanswers/chemicals/chem_profiles/mercury/health_mercury.html

«La rapidité de combat d'une hase contre un lièvre», 내셔널지오그래픽 와일드 프랑스 채널 영상, n.d. : www.youtube.com/watch?v=J70wXBDkXQY&ab_channel=NationalGeographicWildFrance

«Le secret des chapeliers fous», 블로그 자료 Savoirs d'histoire : www.savoirsdhistoire.wordpress.com/2015/11/17/le-secret-des-chapeliers-fous/

«The Rabbit Problem», 다음 사이트 자료 Rabbit-Free Australia, n.d. : www.rabbitfreeaustralia.org.au/rabbits/the-rabbit-problem/

Birds-of-Paradise Project, The Cornell Lab of Ornithology, n.d. : www.bopprod.online/

Birlouez E., *Histoire des poisons, des empoisonnements et des empoisonneurs*, Rennes, éditions Ouest-France, 2016.

Creel D., «Inappropriate use of albino animals as models in research», *Pharmacology Biochemistry and Behavior*, vol. 12, n° 6, 1980, p. 969-977.

Delort R., *Les Animaux ont une histoire*, Paris, Seuil, 1993.

Fan P.-F., Ma C.-Y. *et al.*, «Rhythmic displays of female gibbons offer insight into the origin of dance», *Sci. Rep.*, vol. 6, article 34606, 30 septembre 2016.

Gannon R. A., «Observations on The Satin Bower Bird with Regard to the Material Used by It in Painting, Its Bower», *Emu–Austral Ornithology*, vol. 30, 1930, p. 39-41.

Giraud M. et Macagno G., *Le Sex-appeal du crocodile*, Paris, Delachaux et Niestlé, 2016.

Holley A. J. F., Greenwood P. J., «The Myth of the Mad March Hare», *Nature*, vol. 309, 1984, p. 549-550.

Lincoln G. A., «Reproduction and "March madness" in the Brown hare, *Lepus europaeus*», *Journal of Zoology*, vol. 174, 1974, p. 1-14.

Matthews David A., «Techniques toxiques. Chapeaux mercuriels», *La Peaulogie*, 2019. 다음 사이트 참조 www.lapeaulogie.fr/techniques-toxiques-chapeaux-mercuriels/

Mobley K. B., Morrongiello J. R. *et al.*, «Female ornamentation and the fecundity trade-off in a sex-role reversed pipefish», *Ecology and Evolution*, vol. 8, 2018, p. 9516–9525.

Waldron H. A., «Did the Mad Hatter have mercury poisoning ?», *Br. Med. J. (Clin. Res. Ed.)*, vol. 287, n° 1961, 1983.

2장

«Coquelicots et pavots : trafic de stups !», 블로그 자료 Sauvages du Poitou, n. d. : www.sauvages-dupoitou.com/83/669

«Hallucinogènes – Synthèse des connaissances», 다음 사이트 자료 OFDT, n.d. : www.ofdt.fr/produits-et-addictions/de-z/hallucinogenes/

Arnaud B., «Les agriculteurs suisses ont-ils domestiqué du pavot à opium au Néolithique ?», *Sciences et Avenir*, 02 juin 2021. 다음 사이트 참조 www.sciencesetavenir.fr/archeo-paleo/archeologie/les-agriculteurs-suisses-ont-ils-domestique-du-pavot-a-opium-au-neolithique_154721

Awan A. R., Winter J. M. *et al.*, «Convergent evolution of psilocybin biosynthesis by psychedelic mushrooms», *bioRxiv*, n° 374199, 2018.

Bilimoff M., *Histoire des plantes qui ont changé le monde*, Paris, Albin Michel, 2011.

Hofmann A., Evans R., *Les plantes des dieux. Pouvoirs magiques des plantes psychédéliques, Botanique et ethnologie*, Paris, éditions du Lézard, 2000.

Hofrichter R., *La vie secrète des champignons. À la découverte d'un monde insoupçonné*, Paris, Les Arènes, 2019.

Jost J.-P., Jost-Tse Y.-C., *L'Automédication chez les animaux dans la nature et ce que nous pourrions encore apprendre d'eux*, Paris, Connaissances et Savoirs éditions, 2015.

Keyser Z., «"Opium-addicted" parrots terrorize Indian poppy farmers», *The Jerusalem Post*, 3 mars 2019.

Letcher A., *Shroom : A Cultural History of the Magic Mushroom*, Londres, Faber & Faber, 2006.

Martin F., *Tous les champignons portent-ils un chapeau ? 90 clés pour comprendre les champignons*, Paris, éditions Quae, 2014.

Merlin M. D., «Archaeological evidence for the tradition of psychoactive plant use In the old world», *Econ. Bot.*, vol. 57, 2003, p. 295-323.

Peterson C. J. et Coats J. R., «Catnip Essential Oil and Its Nepetalactone Isomers as Repellents for Mosquitoes», in Paluch G. E., Coats J. R. (éd.), *ACS Symposium Series*, Washington DC, American Chemical Society, 2011, p. 59-65.

Podoll K. et Robinson D., «Lewis Carroll's migraine experiences», *The Lancet*, vol. 353, n° 1366, 1999.

Rapin A.-J., «La "divine drogue" : l'art de fumer l'opium et son impact en Occident au tournant des xixe et xxe siècles», *A contrario*, vol. 1, 2003, p. 6-31.

Ruggiero M. A., Gordon D. P. *et al.*, «A Higher-Level Classification of All Living Organisms», *PLOS ONE*, vol. 10, 2015, e0119248.

Salavert A., Zazzo A. *et al.*, «Direct dating reveals the early history of opium poppy in western Europe», *Sci. Rep.*, vol. 10, 2020, 20263.

Schilperoord P., *Plantes cultivées en Suisse – Le pavot*, 2017. 다음 사이트 참조 : www.doi.org/10.22014/97839524176-e2

Shaw G., Nodder F. P. *et al.*, *The Naturalist's Miscellany*, Londres, imprimé pour Nodder & Co., 1803.

Sheldrake M., *Le monde caché. Comment les champignons façonnent notre monde et influencent nos vies*, Paris, éditions First, 2021.

The Catalogue of Life : www.catalogueoflife.org/

Warolin C., «La pharmacopée opiacée en France des origines au xixe siècle», *Revue d'Histoire de la pharmacie*, vol. 97, 2010, p. 81-90.

Whittaker R. H., «New Concepts of Kingdoms of Organisms», *Science*, vol. 163, 1969, p. 150-160.

3장

Allain Y.-M., Allorge L. *et al.*, *Passions botaniques – Naturalistes voyageurs au temps des grandes découvertes*, Rennes, éditions Ouest-France, 2008.

Chauvet M., *Encyclopédie des plantes alimentaires*, Paris, Belin, 2018.

Gebely T., «Tea Processing Step : Oxidation», *Tea Epicure*, 12 février 2019. 다음 사이트 참조 www.teaepicure.com/tea-leaves-oxidation/

Racine J., Camellia sinensis. *Thé, histoire, terroirs, saveurs*, Montréal, Les Éditions de l'Homme, 2016.

Renault M.-C., *L'univers du thé. Histoire, botanique, santé, beauté, recettes*, Paris, Sang de la Terre,

2001.
Thinard F., *Le grand business des plantes, richesse et démesure*, Toulouse, Plume de Carotte, 2015.

4장

American Rose Society : www.rose.org
Campbell N. A. et Reece J. B., *Biologie*, Louvain-la-Neuve, De Boeck, 2004.
Caron Lambert A., *Le Roman des roses. Les Carnets du jardin*, Paris, éditions du Chêne, 1999.
Couplan F., *Les plantes – 70 clés pour comprendre*, Paris, éditions Quae, 2017.
Daugey F., *Les plantes ont-elles un sexe ?*, Paris, éditions Ulmer, 2015.
«Discovery of Sexuality in Plants», *Nature*, vol. 131, 1933, p. 392.
Garcia J. E., Shrestha M. *et al.*, «Signal or cue : the role of structural colors in flower pollination», *Curr. Zool.*, vol. 65, 2019, p. 467-481.
Glover B. J. et Whitney H. M., «Structural colour and iridescence in plants : the poorly studied relations of pigment colour», *Ann. Bot.*, vol. 105, 2010, p. 505-511.
Lemonnier D., *Le livre des roses. Histoire des roses de nos jardins*, Paris, Belin éditeur, 2014.
«Les fleurs hissent la couleur !», 다음 사이트 자료 Botanique Jardins Paysages : www.botanique-jardins-paysages.com/les-fleurs-hissent-la-couleur/
Parcy F., *L'histoire secrète des fleurs*, Paris, humenSciences, 2019.
Pépy É.-A., «Les femmes et les plantes : accès négocié à la botanique savante et résistance des savoirs vernaculaires (France, xviiie siècle)», *Genre & Histoire*, automne 2018.
«Rose Classifications», 다음 사이트 자료 Rose : www.rose.org/single-post/2018/06/11/Rose-Classifications
Sala O., *Guide des roses 180 variétés anciennes et modernes*, Paris, Delachaux et Niestlé, 2000.
«Histoire de la domestication du rosier sauvage pour en faire la rose de nos jardins», 프랑스 장미 협회 자료 : www.societefrancaisedesroses.asso.fr/fr/rosiers_et_roses/domestication_rose.htm
«The History of Roses. Our Rose Garden», 일리노이대학교 자료 : www.web.extension.illinois.edu/roses/history.cfm

5장

Anderson B., Johnson S. et Carbutt C., «Exploitation of a specialized mutualism by a deceptive orchid», *American Journal of Botany*, vol. 92, 2005, p. 1342-1349.
«*Angraecum sesquipedale*», 위키피디아 자료 : www.fr.wikipedia.org/wiki/Angraecum_sesquipe-

dale

Beccaloni G., *Wallace's Moth and Darwin's Orchid*, 2017. 다음 사이트 참조 www.doi.org/10.13140/RG.2.2.35778.38087

Birkhead T. R. et Brennan P., «Elaborate vaginas and long phalli : Post-copulatory sexual selection in birds», *Biologist*, vol. 56, 2009, p. 33-39.

Brennan P. L. R., Clark C. J. et Prum R. O., «Explosive eversion and functional morphology of the duck penis supports sexual conflict in waterfowl», *Proc. Roy. Soc. Lond. Ser.*, vol. 277, 2009, p. 1309-1314.

Brennan P. L. R., Prum, R. O. *et al.*, «Coevolution of Male and Female Genital Morphology in Waterfowl», *PLOS ONE*, vol. 2, 2007, e418.

Breton C., «L'orchidée de Darwin», *Espèces*, 2012.

Coker C., McKinney F. *et al.*, «Intromittent Organ Morphology and Testis Size in Relation to Mating System in Waterfowl», *The Auk*, vol. 119, 2009, p. 403-413.

D'Ortenzio E., Yazdanpanah Y. *et al.*, «Coronavirus et Covid-19», dossier d'information INSERM, 28 mai 2021. 다음 사이트 참조 www.inserm.fr/information-en-sante/dossiers-information/coronavirus-sars-cov-et-mers-cov

Galand P., *Les jeux de l'amour, du hasard et de la mort. Comportement animal et évolution*, Bruxelles, éditions Racine, 2011.

«What the Red Queen hypothesis and gene noise tell us about coronavirus», 다음 사이트 자료 Gene Learning : www.genelearning.ch/what-red-queen-hypothesis-and-gene-noise-tell-us-about-coronavirus/

Giraud M., *Super Bestiaire*, Paris, Robert Laffont, 2013.

Giraud T. et Penet L., Le sexe, un outil dans la lutte séculaire contre nos parasites», in Gouyon P.-H. (dir.), *Aux origines de la sexualité*, Paris, Fayard, 2009.

Johnson S., Edwards T. *et al.*, «Specialization for hawkmoth and long-proboscid fly pollination in Zaluzianskya section Nycterina (Scrophulariaceae)», *Botanical Journal of the Linnean Society*, vol. 138, 2002, p. 17-27.

McCracken K. G., Wilson R. E. *et al.*, «Are ducks impressed by drakes' display ?», *Nature*, vol. 413, 2001, p. 128.

McKey D. et Hossaert-McKey M., «La coévolution entre les plantes et les animaux», in Hallé F. (dir.), *Aux origines des plantes. Des plantes anciennes à la botanique du xxie siècle*, tome 1, Paris, Fayard, 2008.

Monvoisin R., «La Reine rouge dans la roue du hamster», *Espèces*, n° 35, 2020, p. 86-89.

Muchhala N., «Nectar bat stows huge tongue in its rib cage», *Nature*, vol. 444, 2006, p. 701-702.

Muchhala N., Patricio M. V. et Luis, A. V., «A New Species of Anoura (Chiroptera : Phyllostomidae) from the Ecuadorian Andes», *Journal of Mammalogy*, vol. 86, 2005, p. 457-461.

Rodríguez-Gironés M. A. et Llandres A. L., «Resource Competition Triggers the Co-Evolution of Long Tongues and Deep Corolla Tubes», *PLOS ONE*, vol. 3, 2008.

Sander F., *Reichenbachia : Orchids illustrated and described*, Londres/New York, St Albans/ F. Sander & Co, 1888.

Strotz L. C., Simões M. *et al.*, «Getting somewhere with the Red Queen : chasing a biologically modern definition of the hypothesis», *Biology Letters*, vol. 14, 2018.

음악 재생 목록

앨범명

Almost Alice (2010), Collectif

Au pays d'Alice... (2014), Ibrahim Maalouf, Oxmo Puccino

곡명

Alice, Stevie Nicks

Her name is Alice, Shinedown

White rabbit, Jefferson Airplane

Rabbit hole, Emma Wallace

Alice's Theme, Danny Elfman

Sunshine, Aerosmith

The song of the dodo bird, Dodo quartet

Dodo, Genesis

We're all mad here, Emma Wallace

March Hare, Whistlejacket

Le Cheshire Cat, Nolwenn Leroy

Cheshire Kitten (We're All Mad Here), SJ Tucker

Mad as a Hatter, Larkin Poe

Tea, tea, tea, Chapelier fou

The March Hare, Paddy Noonan

Queen of Hearts, Velvet moon

Jabberwocky, Omnia

What Is a Bandersnatch?, Frumious Bandersnatch

Looking glass, Hypnogaja

I am the Walrus, The Beatles

이미지 출처

다음 이미지들을 제외한 모든 이미지는 아가타 리에뱅바쟁의 그림이다.
페이지 옆의 g는 왼쪽, d는 오른쪽을 뜻한다.

p. 13 : Library of Congress, Rare Book and Special Collections Division ; p. 17 : lewiscarroll.net ; p. 19 : British Library/publicdomainreview.org ; p. 25 : iStock/Campwillowlake ; p. 31 : Shaw et Nodder, The Naturalist's Miscellany, 1789-1813 ; p. 43 : iStock/Campwillowlake ; p. 57 : iStock/powerofforever ; p. 59 : iStock/Andrew_Howe ; p. 67 : Geoffroy et Cuvier, 1825 ; p. 68 : Bonnaterre, 1789 ; p. 71g : iStock/THEPALMER ; p. 71d : iStock/duncan1890 ; p. 73g : iStock/NSA Digital Archive ; p. 73d : iStock/Nastasic ; p. 75 : iStock/powerofforever ; p. 77 : iStock/benoitb ; p. 81 : iStock/powerofforever ; p. 87 : Shaw et Nodder, The Naturalist's Miscellany, 1789-1813 ; p. 88 : Duncan et Jardine, The Naturalist's Library, 1845 ; p. 91 : © Bibliothèque nationale de France ; p. 93: Wikimedia commons/CC0 1.0/Madboy74 ; p. 96 : iStock/duncan1890 ; p. 97 : Leach, The Zoological's Miscellany, 1815 ; p. 107 : iStock/duncan1890 ; p. 108 : iStock/THEPALMER ; p. 113 : Haeckel, Les formes artistiques, 1899-1904 ; p. 116 : Wikimedia Commons/CC0 1.0 ; p. 119 : biodiversitylibrary.org/Le monde de la mer, 1866 ; p. 123: biodiversitylibrary.org/British and Irish Salmonidae, 1887 ; p. 131 : iStock/duncan1890 ; p. 134 : iStock/powerofforever ; p. 142 : iStock/ZU_09 ; p. 145 : iStock/powerofforever ; p. 148 : iStock/ZU_09 ; p. 157 : iStock/Bloodlinewolf ; p. 163 : Project Gutenberg ; p. 165 : iStock/denisk0 ; p. 168 : iStock/Campwillowlake ; p. 169 : Wikimedia commons/CC0 1.0/Conscious ; p. 171 : iStock/ duncan1890 ; p. 175 : iStock/ duncan1890 ; p. 177g : iStock/Andrew_Howe ; p. 177d : iStock/powerofforever ; p. 189 : iStock/ duncan1890 ; p. 192 : iStock/ duncan1890 ; p. 207 : iStock/THEPALMER ; p. 214 : biodiversitylibrary.org/12334948, 6026957, 37604633, 32127385, 303732, 3900823 ; p. 216 : biodiversitylibrary.org/2976526, 3270858, 28467690, 2976822, 3270808 ; p. 217 : British Library/publicdomainreview.org ; p. 222 : Köhler, Medizinal-Pflanzen in naturgetreuen Abbildungen mit kurz erläuterndem, 1887 ; p. 225 : Wikimedia commons/CC0 1.0/Ayacop ; p. 227 : iStock/Andrew_Howe ; p. 231 : biodiversitylibrary.org/472043, 58683007 ; p. 237 : iStock/

Bloodlinewolf; p. 238: Wikimedia commons/CC0 1.0/Flo-commonswiki; p. 251: Wikimedia commons/CC0 1.0/Mariana Ruiz LadyofHats; p. 256: iStock/duncan1890; p. 261: Wikimedia commons/CC0 1.0/Dmitriy Konstantinov.

감사의 말

응원해준 가족과 일부 챕터를 감수해준 미셸 몽페랑에게 감사합니다. 툴루즈박물관의 사서 분들에게도 큰 감사 인사를 전하고 싶습니다. 툴루즈박물관의 도서관에는 흥미로운 책이 가득하니 한번 방문해 보시길 권합니다!

안세실

원고를 세심히 읽어봐주고 현명한 조언을 해주신 부모님과 막심에게 감사합니다. 응원해준 모든 친구와 가족들에게도 감사 인사를 드립니다. 유레카페의 팀원들이 없었다면 이 책은 세상에 나오지 못했을 것입니다. 큰 감사를 드립니다. 마지막으로, 저를 믿고, 마법이 풀린 무도회에서 함께 춤을 춰준 안세실에게 고마움을 전합니다. 배움에 대한 열망을 심어준 조부모님께 이 작품을 바칩니다.

아가타

사이언스 원더랜드

이상한 나라의 앨리스를 과학으로 읽다

초판 1쇄 인쇄 2023년 8월 2일
초판 1쇄 발행 2023년 8월 16일

지은이 안세실 다가에프 · 아가타 리에뱅바쟁
옮긴이 김자연
펴낸이 이범상
펴낸곳 (주)비전비엔피 · 애플북스

기획 편집 이경원 차재호 정락정 김승희 박성아 신은정 박다정
디자인 최원영 허정수 이설
마케팅 이성호 이병준
전자책 김성화 김희정
관리 이다정

주소 121-894 서울특별시 마포구 잔다리로7길 12 (서교동)
전화 02) 338-2411 | **팩스** 02) 338-2413
홈페이지 www.visionbp.co.kr
인스타그램 www.instagram.com/visionbnp
포스트 post.naver.com/visioncorea
이메일 visioncorea@naver.com
원고투고 editor@visionbp.co.kr

등록번호 제313-2007-000012호

ISBN 979-11-92641-16-4 03400

· 값은 뒤표지에 있습니다.
· 잘못된 책은 구입하신 서점에서 바꿔드립니다.